T0129755

essentials

essentials liefern aktuelles Wissen in konzentrierter Form. Die Essenz dessen, worauf es als „State-of-the-Art" in der gegenwärtigen Fachdiskussion oder in der Praxis ankommt. *essentials* informieren schnell, unkompliziert und verständlich

- als Einführung in ein aktuelles Thema aus Ihrem Fachgebiet
- als Einstieg in ein für Sie noch unbekanntes Themenfeld
- als Einblick, um zum Thema mitreden zu können

Die Bücher in elektronischer und gedruckter Form bringen das Expertenwissen von Springer-Fachautoren kompakt zur Darstellung. Sie sind besonders für die Nutzung als eBook auf Tablet-PCs, eBook-Readern und Smartphones geeignet. *essentials:* Wissensbausteine aus den Wirtschafts-, Sozial- und Geisteswissenschaften, aus Technik und Naturwissenschaften sowie aus Medizin, Psychologie und Gesundheitsberufen. Von renommierten Autoren aller Springer-Verlagsmarken.

Weitere Bände in der Reihe http://www.springer.com/series/13088

J. Matthias Starck

Peer Review für wissenschaftliche Fachjournale

Strukturierung eines informativen Reviews

 Springer Spektrum

Prof. Dr. J. Matthias Starck
Fakultät für Biologie II
Ludwig-Maximilians-Universität
München (LMU)
Planegg-Martinsried, Deutschland

ISSN 2197-6708   ISSN 2197-6716   (electronic)
essentials
ISBN 978-3-658-19836-7   ISBN 978-3-658-19837-4   (eBook)
https://doi.org/10.1007/978-3-658-19837-4

Die Deutsche Nationalbibliothek verzeichnet diese Publikation in der Deutschen Nationalbiblio-
grafie; detaillierte bibliografische Daten sind im Internet über http://dnb.d-nb.de abrufbar.

Gedruckt auf säurefreiem und chlorfrei gebleichtem Papier

Springer Spektrum ist Teil von Springer Nature
Die eingetragene Gesellschaft ist Springer Fachmedien Wiesbaden GmbH
Die Anschrift der Gesellschaft ist: Abraham-Lincoln-Str. 46, 65189 Wiesbaden, Germany

Was Sie in diesem *essential* finden können

- Eine kurze Analyse der Grundprinzipien der (natur-)wissenschaftlichen Arbeitsweise, der wissenschaftlichen Fachkommunikation und des wissenschaftlichen Publizierens.
- Die Darstellung der methodischen Herangehensweise an ein Fachgutachten für ein wissenschaftliches Journal.
- Eine Besprechung der Regeln über ethisch korrektes Verhalten im wissenschaftlichen Publizieren.
- Eine Analyse und Kritik verschiedener „*Peer Review*"-Verfahren, so dass inhärente Probleme transparent, alternative Optionen erkannt und Lösungswege gefunden werden können.

Inhaltsverzeichnis

Einleitung

1

„*Peer Review*" ist die kritische Begutachtung wissenschaftlicher Manuskripte[1] durch unabhängige Experten[2]. „*Peer Review*" prüft, ob Manuskripte, Drittmittelanträge oder Bewerbungen wissenschaftliche Grundprinzipien korrekt anwenden. Diese Form der externen Begutachtung ist ein weitgehend akzeptierter Sicherheitsmechanismus, der sicherstellen soll, dass Hypothesen klar formuliert wurden, dass Methoden angemessen sind, dass die Forschung innovativ ist, dass Ergebnisse vollständig und korrekt vorgestellt wurden, dass alle Interpretationsmöglichkeiten der Ergebnisse berücksichtigt wurden, und dass rechtlich und ethisch korrekt gearbeitet wurde. „*Peer Review*" gibt den Autoren vor der Publikation Rückmeldung über die Qualität des Manuskriptes und hilft den Herausgebern zu entscheiden, welche Manuskripte sich für die Publikation eignen – „*Peer Review*" ist kollegiales Engagement, keine Bewertung.

Um gute, informative und faire Gutachten schreiben zu können, muss man die Regeln kennen, nach denen Wissenschaft funktioniert, nach welchen Methoden Wissenschaft durchgeführt wird, und wie Wissenschaft kommuniziert wird.[3]

---

[1]Wissenschaft/wissenschaftlich bedeutet im Kontext dieses Textes immer Naturwissenschaft/naturwissenschaftlich und grenzt sich gegen die Mathematik und Geisteswissenschaften ab.

[2]Maskuline Substantive oder Pronomen sind in diesem Text immer als generisches Maskulinum zu verstehen, d. h. sie werden entsprechend dem deutschen Sprachgebrauch verwendet, wenn das Geschlecht der bezeichneten Personen unbekannt oder nicht relevant ist oder wenn männliche wie weibliche Personen gemeint sind.

[3]Dieses Essential behandelt generelle Prinzipien wissenschaftlicher Fachkommunikation, nicht linguistische Aspekte. Dieser wichtige Aspekt von Kommunikation ist mit Hinblick auf „Peer Review" von Paltridge (2017) besprochen worden.

© Springer Fachmedien Wiesbaden GmbH 2018   1
J.M. Starck, *Peer Review für wissenschaftliche Fachjournale*,
essentials, https://doi.org/10.1007/978-3-658-19837-4_1

Wenn man die Abläufe, aber auch die möglichen Probleme des „*Peer Review*"-Prozesses kennt, kann man als Mitglied der wissenschaftlichen Gemeinschaft in dem bestehenden System erfolgreich sein und darüber hinaus auch dazu beitragen, dass es sinnvoll weiterentwickelt und verbessert wird.

Wie Wissenschaft funktioniert

2.1 Wissenschaftsphilosophische Grundprinzipien

Moderne Naturwissenschaften folgen einem deduktiven Erkenntnisprozess. Ausgehend von Naturbeobachtungen werden Hypothesen formuliert, die Vorhersagen ermöglichen. Die Hypothesen und ihre abgeleiteten Vorhersagen werden mit angemessenen Methoden getestet, und die Ergebnisse werden auf der Basis des bestehenden Wissens interpretiert.

Im kritischen Rationalismus[1] (e.g., Popper 1935) kommt wissenschaftlicher Fortschritt durch die Falsifikation bestehender Hypothesen zustande – Hypothesen können nicht verifiziert werden. Zurückgewiesene Hypothesen werden durch alternative, allerdings ungetestete Hypothesen ersetzt (die plausiblere Erklärungen in Hinblick auf die Ergebnisse einer Studie bieten). Wird eine Hypothese (H_0) durch die Ergebnisse eines Tests jedoch nicht falsifiziert, kann man dennoch nicht sicher sein, dass sie korrekt ist – sie ist möglicherweise nur die gegenwärtig beste verfügbare Erklärung, bis sie durch eine bessere ersetzt wird. Der Fortbestand einer Hypothese darf nicht als ihre Verifikation missverstanden werden; es ist gut möglich, dass die Testmethoden ungeeignet waren oder dass die alternative Hypothese selbst falsch war.

Tests, d. h. Experimente oder Vergleiche, werden im Kontext bestehenden Wissens geplant und liefern empirische Daten für wissenschaftliche Erklärungen. Idealerweise sind Tests Experimente und resultieren in proximaten, kausalen

---

[1]Selbstverständlich bestehen andere wissenschaftstheoretische Konzepte und der kritische Rationalismus ist nicht ohne Kritik. Popper's kritischer Rationalismus ist bis heute aber das am weitesten akzeptierte Konzept wie Erkenntnisprozesse in der Wissenschaft ablaufen und wissenschaftlicher Fortschritt entsteht.

© Springer Fachmedien Wiesbaden GmbH 2018
J.M. Starck, *Peer Review für wissenschaftliche Fachjournale,*
essentials, https://doi.org/10.1007/978-3-658-19837-4_2

Erklärungen. In der Biologie können Tests aber auch auf vergleichender oder korrelativer Methodik aufbauen. Innerhalb der Naturwissenschaften nimmt Biologie daher eine Sonderstellung ein, denn biologische Erklärungen haben immer sowohl eine ultimate (historisch evolutive) und eine proximate (mechanistische) Erklärungskomponente (Bock 2017). Ultimate, historische und evolutive Erklärungen erfordern vergleichende und korrelative Methoden sowie phylogenetische Analysen. Proximate Ursachen können mit Experimenten getestet werden. Da Organismen zweifelsohne eine Geschichte besitzen (*„descendent by evolution"*), aber gleichzeitig in ihrer gegenwärtigen Umwelt funktionieren, sollte biologische Forschung immer proximate ebenso wie ultimate Erklärungen berücksichtigen.

2.2   Grundprinzipien wissenschaftlicher Vorgehensweise

What is absolutely essential in the scientific methodology is not that empirical observations are made, but that these observations are objective as opposed to subjective – hence the term objective science. Objective empirical observations in the philosophy of science means that the same observations can be made by any person having the abilities to do so (Bock 2007).

Eine implizite, logische Konsequenz des kritischen Rationalismus ist, dass Wissenschaft nur durch Kommunikation zwischen den beteiligten Wissenschaftlern funktioniert. Nur wenn Hypothesen, Experimente und Ergebnisse kommuniziert werden, können sie von anderen Wissenschaftlern unabhängig wiederholt und überprüft werden; nur dann trägt Wissenschaft zum Erkenntnisgewinn bei. Diese wissenschaftliche Vorgehensweise ist unter Naturwissenschaftlern als Standard etabliert. Über Jahrhunderte hat sich dieses Vorgehen in Publikationen (neben anderen Kommunikationsformen) als Grundprinzip wissenschaftlicher Kommunikation etabliert. Einige dieser Prinzipien sind als Gesetz festgeschrieben (z. B. das Urheberrecht), andere nehmen eher den Status eines „Industriestandards" ein, d. h., sie sind generell akzeptiert und praktiziert, jedoch offen für Abänderung und Entwicklung.

Die Säulen des wissenschaftlichen Vorgehens sind *Reproduzierbarkeit, Transparenz* und *Ehrlichkeit! Reproduzierbarkeit* bedeutet, dass jede Studie so dokumentiert werden muss, dass jeder andere sie exakt wiederholen kann. *Transparenz* verweist auf die vollständige und korrekte Dokumentation von Material und Methoden, die in einer Studie verwendet wurden, eingeschlossen Hinweise zum Zugang/zur Verfügbarkeit des Materials. *Ehrlichkeit* verweist auf die vollständige und detailgenaue Dokumentation, sodass die Studie wiederholt werden kann. Wissenschaft baut auf Ehrlichkeit auf, da Betrug im Labor praktisch nicht erkannt und aufgedeckt werden kann. – Gemeinsame Anstrengungen von allen Beteiligten, Forscher, Institutionen, Geldgeber, Gesetzgeber und Journale sind nötig, um die Rechtschaffenheit in den Wissenschaften zu fördern und zu erhalten – „Peer Review" hingegen ist weitgehend ungeeignet, ethisch und rechtlich korrektes Verhalten zu überprüfen.

2.3 Ethische und rechtliche Rahmenbedingungen für die Wissenschaften

Wissenschaft kennt weder Moral noch Recht – um das Wohlergehen der Menschen und unserer Welt zu gewährleisten, darf Wissenschaft jedoch nur in den ethischen und rechtlichen Rahmenbedingungen stattfinden, die von Menschen definiert wurden. Forschung muss im Rahmen der nationalen rechtlichen Regelungen für Urheberrecht, Tierschutz, Tierexperimente, und Schutz vor Diskriminierung von Minderheiten durchgeführt werden. Die Unterschiede zwischen den Nationen bedeuten aber auch eine entsprechende Vielfalt der rechtlichen Bedingungen. – Einige Herausgeber von Journalen verlangen daher neben der Beachtung der nationalen Rechtslage die Beachtung internationaler Vereinbarungen (e.g., International Whaling Commission; Convention of International Trade in Endangered Species, CITES).

2.4 Wissenschaftliche Wirklichkeit

Wissenschaftler arbeiten in einem sozialen und politischen Umfeld und die Regierungen der meisten Industrienationen setzen klare Ziele für Wissenschaft, Entwicklung und Innovation. Durch Zielvorgaben, Richtlinien und Bewilligung von Forschungsgeldern beeinflussen Regierungen aktiv und direkt wie Wissenschaft organisiert wird und wie Wissenschaft kommuniziert wird. Der Aufruf der Europäischen Kommission zu „open science" beeinflusst gezielt die Art und Weise wie Forschung durchgeführt wird, wie Wissenschaftler kommunizieren, wie Wissen geteilt wird und wie Wissenschaft organisiert wird (Walsh 2016). Indem die Europäische Kommission den Grundsatz ‚sharing knowledge as early as possible' postuliert, zielt ihre Politik aktiv auf Publikation vor der Begutachtung (pre-print, pre-review publication) und beeinflusst aktiv, wie Wissen kommuniziert wird. Ebenso beeinflussen politische Zielsetzungen die Organisation von Wissenschaft, die weitere Entwicklung von Wissenschaftsfeldern und den sozialen Kontext von Wissenschaft (European commission 2008; Pan und Kalinaki 2015).

Es wäre naiv und unrealistisch anzunehmen, dass Wissenschaft frei ist. Auf der einen Seite liegt es in der Verantwortung der Wissenschaftler, den Prinzipien von Wissenschaft und korrekter Vorgehensweise zu folgen, andererseits sind sie ebenso in ein ethisches, rechtliches, soziales und politisches Umfeld eingebettet, das zur Bewertung und Akzeptanz von Wissenschaft beiträgt. – Kenntnis der Abläufe im System, der verschiedenen Aufgaben, die eine Person einnehmen kann, und Kenntnis der Limitationen des Systems sind notwendig, um als Mitglied der Gemeinschaft der Wissenschaftler verantwortungsvoll zu handeln und zur zukünftigen Entwicklung des Systems beizutragen. Csiszar (2016) schreibt: „ *[…] Peer review did not develop simply out of scientists' need to trust one another's research. It was also a response to political demands for public accountability"* […].

Wissenschaftliche Kommunikation 3

Wissenschaftliche Fachkommunikation wurde über die Jahrhunderte als Veröffentlichung von Journalartikeln etabliert (selbstverständlich neben anderen Formaten). Die wesentlichen Elemente dieses Kommunikationsprozesses sind: Dokumentation, Validierung, Veröffentlichung und Archivierung.

Wissenschaftliche Fachjournale veröffentlichen wissenschaftliche, deduktive Arbeiten, die auf Hypothesen basieren. Es gibt aber auch einige Journale, die deskriptive oder methodische Arbeiten akzeptieren, ohne dass diesen eine explizite Hypothese zugrunde liegen muss. Deskriptive Arbeiten sind technische Informationen, können aber kompliziert und für die Fachwelt inhaltlich wichtig sein. Gleiches gilt für *„negative results"* (d. h. eine Hypothese konnte nicht falsifiziert werden) – sie können technisch aufwendig und von hohem Informationswert für die Fachwelt sein, bringen aber wissenschafts-theoretisch gesehen die Wissenschaft nicht voran, da sie keine Hypothese widerlegen. Journale definieren, welche Art von Arbeiten sie publizieren und legen die Bewertungskriterien für die Annahme der Arbeiten fest. Bewertungskriterien für deskriptive, technische Arbeiten sind schwer zu definieren.

3.1 Dokumentation

Dokumentation umfasst die Präsentation einer wissenschaftlichen Arbeit in Manuskriptform. Ein wissenschaftliches Manuskript muss alle Ideen, Hypothesen, verwendeten Materialien und Methoden, Ergebnisse und Interpretationen genau dokumentieren. Daraus ergibt sich eine logische Struktur eines Manuskriptes, das sich untergliedert in: i) eine „Einleitung", die (Natur-)Beobachtungen (oder auch vorangehende Arbeiten anderer Wissenschaftler) und

© Springer Fachmedien Wiesbaden GmbH 2018
J.M. Starck, *Peer Review für wissenschaftliche Fachjournale*,
essentials, https://doi.org/10.1007/978-3-658-19837-4_3

Hypothesen (s. Abschn. 2.1) enthält; ii) ein „Material und Methoden"-Abschnitt, der alle verwendeten Materialien und Methoden beschreibt (s. Abschn. 2.2), Verweise auf notwendige rechtliche und ethische Genehmigungen der Studie enthält (s. Abschn. 2.3), und Hinweise zum Zugang zu dem verwendeten Material und Belegmaterial benennt, sodass jeder, der dies möchte, die Studie überprüfen und wiederholen kann; iii) einen „Ergebnisse"-Abschnitt, der (ausschließlich) die Ergebnisse der Studie im Detail dokumentiert, und abschließend iv) eine „Diskussion", die Interpretationen der Ergebnisse vorstellt und sie in den Kontext des bestehenden Wissens stellt. Die Dokumentation der Forschung und ihrer Ergebnisse sollte die Logik der wissenschaftlichen Vorgehensweise widerspiegeln, nicht die persönliche Geschichte des Wissenschaftlers mit dem Thema.

Die meisten wissenschaftlichen Fachjournale fordern, dass Forschung originär und neu ist. Von einem rein wissenschaftlichen Blickwinkel aus ist dies nicht notwendig, noch nicht einmal erwartet, denn Wissenschaft soll reproduzierbar sein – d. h., die Wiederholung wissenschaftlicher Untersuchungen/Experimente durch andere, unabhängige Wissenschaftler ist Teil des wissenschaftlichen Fortschritts.

3.2 Validierung/Begutachtung

Validierung/Begutachtung, d. h. „Peer Review", ist die kritische Begutachtung von Inhalten und Präsentationsstil eines Manuskriptes durch unabhängige Fachwissenschaftler. „Peer Review" erfordert umfassende Kenntnisse, wie Wissenschaft funktioniert, wie sie dokumentiert wird und erfordert Expertenwissen aus dem speziellen Forschungsfeld. Gutachter sollen unabhängig von den Autoren und dem Herausgeber eines Journals sein. Das schriftliche Gutachten *(Peer Review)* enthält wichtige Informationen für den Herausgeber, um eine Entscheidung über Annahme oder Ablehnung eines Manuskriptes zu treffen. Der Herausgeber entscheidet unter Berücksichtigung der Gutachten und weiterer Informationen, ob das Manuskript inhaltlich in das Journal passt, ob es die wissenschaftlichen Qualitätskriterien erfüllt, ob die Inhalte ethisch und rechtlich korrekt bewilligt sind und ob sie relevant für die Leser des Journals sind.

3.3 Veröffentlichung

Eine Veröffentlichung macht wissenschaftliche Inhalte der wissenschaftlichen Gemeinschaft zugänglich. Der Verleger erzeugt einen Mehrwert, indem Inhalte ediert, formatiert, verwaltet, vertrieben, und zugänglich gemacht werden. Der

Verleger stellt zudem Strukturen und Abläufe für die Einreichung von Manuskripten bereit sowie die Begutachtung von Manuskripten und alle herausgeberischen Tätigkeiten. Das Verlegen von wissenschaftlichen Journalen und Büchern ist ein ökonomischer Vorgang, bei dem der Verleger Mehrwert erzeugt und so wirtschaftlichen Gewinn erzielt. Wichtig ist jedoch, dass wirtschaftliche Interessen des Verlegers nicht die wissenschaftlichen Inhalte bestimmen dürfen, d. h., der Verleger darf keinen Einfluss auf die Tätigkeit des wissenschaftlichen Herausgebers nehmen, der ausschließlich für die Inhalte verantwortlich ist.

3.4 Archivierung

Wissenschaftliche Fachpublikationen sind Dokumente, d. h., sie müssen zugänglich sein, es muss möglich sein sie wiederzufinden und sie müssen in unveränderter Form archiviert werden, theoretisch für unbegrenzte Zeit. Daher braucht jede Publikation ein identifizierendes Merkmal. Traditionellerweise sind dies Autor(en), Jahr, Journal, Band und Seitenangaben; in neuerer Zeit und für Online-Publikationen setzt sich der DOI (digital object identifier) als identifizierende Zahlenkombination durch. Verleger und Bibliothekare nehmen gemeinsam wichtige Rollen bei der Archivierung und der Bereitstellung des Zugangs zu publiziertem Material ein – im Prinzip für Jahrhunderte.

Warum „*Peer Review*"? 4

Die philosophischen Grundlagen der Wissenschaftstheorie fordern keine Qualitätskontrolle. Die ideale wissenschaftliche Veröffentlichung ist klar, gradlinig und korrekt. Auch die Prinzipien der wissenschaftlichen Vorgehensweise oder rechtliche und ethische Rahmenbedingungen fordern *per se* keine Sicherheitsmechanismen zur Qualitätskontrolle. Wenn Forschung reproduzierbar, transparent, und korrekt dokumentiert wurde, und wenn Forschung respektvoll durchgeführt wurde in Hinblick auf Urheberrecht, Tierschutz, ethische Regeln, Antidiskriminierungs- und Minderheitenrecht, dann braucht es keine Qualitätskontrolle. – Das Leben ist jedoch weit von diesem Idealzustand entfernt und Forschung wird von potenziale fehlbaren Menschen durchgeführt. Da wir nicht frei von Fehlern sind, und da sich Irrtümer und Ungenauigkeiten in die Praxis der Forschung einschleichen können, wurde „*Peer Review*" als Kontrollmechanismus eingeführt, der die Qualität publizierter Forschung sicherstellen soll.

4.1 Was „Peer Review" leisten kann

„*Peer Review*" wurde etabliert, um herausragende Forschung erkennen zu können und sie gegenüber jener abzugrenzen, die schlecht durchdacht, schlecht durchgeführt oder fehlinterpretiert wurde. Ebenso ist es heute notwendig Manuskripte nach ihrem Potenzial einzuordnen, inwiefern sie zum wissenschaftlichen Fortschritt beitragen, da die Anzahl der eingereichten Manuskripte die Publikationsmöglichkeiten übersteigt. „*Peer Review*" ist heute der Industriestandard, der sicherstellt, dass Forschung nach wissenschaftlichen Grundprinzipien durchgeführt wurde, dass Methodik und Dokumentation korrekt sind, und dass alle Interpretationen auf einer soliden, empirischen Datenbasis aufgebaut sind. Positiv

© Springer Fachmedien Wiesbaden GmbH 2018
J.M. Starck, *Peer Review für wissenschaftliche Fachjournale,*
essentials, https://doi.org/10.1007/978-3-658-19837-4_4

gesehen unterstützt „*Peer Review*" die Zusammenarbeit von Wissenschaftlern an wichtigen Fragen (Kennan 2016). Die konstant wachsende Anzahl aktiver Forscher und die exponentiell wachsende Zahl von Manuskripteinreichungen machen es jedoch auch notwendig, jene Arbeiten herauszufiltern, die dem angestrebten wissenschaftlichen Standard nicht entsprechen.

   „*Peer Review*" ist ein kollegialer und damit ein sozialer Vorgang. Er hat sein Fundament im Expertenwissen über Thema, Methodik und Literatur. „*Peer Review*" ist daher auch unvermeidbar subjektiv, was sowohl als Stärke als auch als Schwäche ausgelegt werden kann. Wenn „*Peer Review*" fair und im Einklang mit den Regeln für gute wissenschaftliche Praxis durchgeführt wird, kann er Aspekte von Wissenschaft erkennen, die sonst schwer zu erfassen sind, wie z. B. innovatives Potenzial. Ein gutes Review kann ein nuanciertes und detailliertes Bild von Wissenschaft entwerfen, und kann den Autoren möglicherweise helfen ihr Manuskript weiter zu verbessern.

4.2   Die Grenzen von „Peer Review"

Manuskripte werden auf der Basis der Informationen begutachtet, die von den Autoren zur Verfügung gestellt werden. Daher ist es praktisch unmöglich Betrug und Fehlverhalten im Labor zu erkennen. Die Verantwortung zu Rechtschaffenheit und zum korrekten wissenschaftlichen Arbeiten liegt bei den Wissenschaftlern, welche das Manuskript eingereicht haben.

   Betrug und wissenschaftliches Fehlverhalten sind schwer zu fassen und publizierte Zahlen sind notorisch unvollständig. Die wenigen verfügbaren und zuverlässigen Zahlen zeichnen allerdings ein düsteres Bild: in einer Umfrage an US-Amerikanischen Universitäten gaben bis zu 50 % der befragten Wissenschaftler an, Kenntnis von wissenschaftlichem Fehlverhalten Anderer zu haben (e.g., Swazey et al. 1993; Gross 2016). Eine Meta-Analyse von 18 vorangegangenen Studien zeigte, dass 2,6 % der Wissenschaftler eigenes Fehlverhalten zugaben aber 16,6 % von Fehlverhalten anderer wussten (Fanelli 2009). Das digitale Publizieren erlaubt nun eine genaue, quantitative Erfassung von zurückgezogenen Publikationen, die als Maß für falsch publiziertes Material, Fehlverhalten eingeschlossen, gelten. In absoluten Zahlen hat die Anzahl der zurückgezogenen Manuskripte von 1997 bis 2016 dramatisch zugenommen. Die absoluten Zahlen spiegeln aber eher den kontinuierlich wachsenden Wissenschaftsbetrieb wider, während die relative Anzahl von zurückgezogenen Arbeiten (Anzahl zurückgezogener Arbeiten pro Anzahl publizierter Arbeiten) konstant bleibt (Fanelli 2013). – Einen anderen Ansatz haben Nuijten et al. (2016) gewählt, die eine Software entwickelten, die es gestattet, die Ergebnisse von Statistiken retrograd zu über-prüfen. Mit dieser Software haben sie über 250.000 statistische Analysen aus Publikationen zwischen 1985 und 2013 analysiert und stellten fest, dass ca. 50 % aller Arbeiten aus 8 größeren Psychologie-Journalen falsche Statistiken enthiel-ten. Diese Studie unterschied jedoch nicht zwischen einfachen Tippfehlern und wissenschaftlichem Fehlverhalten. Dennoch ist die extrem hohe Anzahl falscher Statistiken alarmierend. Geradezu apokalyptisch ist die Analyse von Joannides (2005), welcher zeigte, dass die meisten Forschungsergebnisse falsch sind, da unangemessene oder unzulängliche Statistiken angewendet wurden.

Baker (2016) berichtete: „*More than 70% of researchers have tried and failed to reproduce another scientist's experiments, and more than half have failed to reproduce their own experiments [...]*". Diese Zahlen sind sicher geeignet eine Glaubwürdigkeitskrise auszulösen – aber man kann auch die Frage aufwerfen, wie das Bild wohl ohne „*Peer Review*" aussehen würde. Es soll hier noch einmal hervorgehoben werden, dass „*Peer Review*" weder Betrug, noch wissenschaftli-ches Fehlverhalten, noch falsche Dokumentation entdecken kann. „*Peer Review*" kann aber einen wichtigen Beitrag leisten, damit die dokumentierte Information über Material und Methoden vollständig ist, sodass Studien reproduziert werden können.

Diese Zahlen sind oft dahin gehend interpretiert worden, dass „*Peer Review*" wirkungslos und ungeeignet ist, um fehlerhafte Publikationen zu erkennen (s. Abschn. 9.1). Die Zahlen erfassen jedoch zwei verschiedene Aspekte des wis-senschaftlichen Publizierens: 1) auf der einen Seite verschiedene Formen von Fehlverhalten der Autoren und 2) auf der anderen Seite Inkompetenz der Gutach-ter, schlechte Arbeiten zu erkennen. Bleibt also die Frage, ob wir eine Gemein-schaft von unehrlichen und inkompetenten Individuen sind. Und, was ist der Beitrag von „*Peer Review*"? – Kompetentes „*Peer Review*" kann nur fehlerhaft konzipierte Untersuchungen, fehlerhafte Experimente und unschlüssige Diskussi-onen erkennen, aber er ist wirkungslos gegenüber wissenschaftlichem Fehlverhal-ten (Betrug, Fälschung, Erfinden von Daten, Plagiarismus; vgl. z. B., Benos et al. 2007). „*Peer Review*" beruht auf Kompetenz, Vertrauen und gutem Willen aller Beteiligten. „*Peer Review*" geht davon aus, dass alle rechtschaffen sind, und er kann nur dabei helfen wissenschaftlich korrekte Arbeiten zu erkennen, er kann sie nicht garantieren – „*Peer Review*" ist zum Scheitern verurteilt, wenn die Autoren nicht ehrlich sind oder die Gutachter inkompetent.

4.3   Historische Randbemerkung

„*Peer Review*" wird seit 1731 durchgeführt als *The Society for the Improvement of Medical Knowledge,* aus der später die *Royal Society of Edinburgh* wurde, Kommentare von Experten aus dem gleichen Fachgebiet zu wissenschaftlichen Kommunikationen einholte. Zu dieser Zeit gab es keinen Standard des Gutachtens, und es hat Jahrhunderte gedauert, bis sich ein formalisierter und standardisierter Begutachtungsprozess herausgebildet hatte. Der eigentliche Begutachtungsprozess entwickelte sich dabei auch in Reaktion auf eine zunehmende Spezialisierung in den Wissenschaften. Diese Entwicklung war unorganisiert und zahlreiche Journale brachten ihre eigenen Systeme und Abläufe hervor, häufig in Abhängigkeit von ihrem verantwortlichen Herausgeber (Rennie 2003).

„*Peer Review*", wie wir ihn heute kennen, wurde in den Jahren nach dem Ende des Zweiten Weltkrieges etabliert und wurde erst in der Mitte der 1980er Jahre institutionalisiert. Durch die Globalisierung, die Industrialisierung biomedizinischer Forschung, die Digitalisierung und das Internet wurde der „*Peer Review*"-Prozess standardisiert. Zeitgleich fingen Journale an, mit verschiedenen Systemen zu experimentieren, wobei sie sich der uneingeschränkten Kommunikationsmöglichkeiten des Internets bedienten. Heute existieren mehrere verschiedene „*Peer Review*"-Systeme nebeneinander, wobei jedes einen anderen formalen Aspekt der Kommunikation zwischen Gutachtern und Autoren besonders hervorhebt. Der intellektuelle Kern des Begutachtungssystems, der „*Peer Review*", bleibt dabei gleich. Tatsächlich gibt es wenig empirische Unterstützung, aber starke Meinungen, die das eine oder andere System bevorzugen. Bevor nicht explizit empirische Daten zur Unterstützung eines der gängigen Systeme vorgelegt werden können, sind alle angepriesenen Vorzüge neuer Systeme unbewiesene Beteuerungen (Rennie 2012).

„Peer Review" für wissenschaftliche Fachjournale

5

„*Peer Review*" begutachtet verschiedene Aspekte eines Manuskriptes. Einige betreffen: 1) Grundlagen der Wissenschaft, 2) wissenschaftliche Vorgehensweise und 3) den rechtlichen und ethischen Rahmen, in den die wissenschaftliche Gemeinschaft eingegliedert ist; andere werden vom Vorgang der Veröffentlichung bestimmt: 4) dem Publikationsprozess und 5) der Darstellung der Wissenschaft.

5.1 Wissenschaft

Wissenschaftliche Inhalte sind der Kern einer Fachpublikation. Daher sollte ein „*Peer Review*" immer mit der Begutachtung der zugrunde liegenden Forschung beginnen und überprüfen, ob sie den Kriterien wissenschaftlichen Arbeitens folgt. Ein Gutachter wird daher seinen Review immer damit beginnen, die Hypothesen, Experimente und Tests abzufragen und zu überprüfen, ob sie zur Falsifikation der/ einer Null-Hypothese beitragen. – Das Fehlen einer Hypothese[1] oder das Fehlen

---

[1]Strikt gesehen ist eine Publikation ohne eine Hypothese nicht wissenschaftlich. „Nothing is known about …" ist keine wissenschaftliche Hypothese, sondern Neugierde, eine Wissenslücke durch deskriptive Arbeit zu füllen. Deskriptive Arbeiten sind notwendig als Beobachtung und können technisch sehr aufwendige Methoden und Expertenwissen erfordern. Dennoch sind sie nicht wissenschaftlich im strikten Sinne, denn sie testen keine Hypothese und tragen nicht direkt zum wissenschaftlichen Fortschritt bei.

© Springer Fachmedien Wiesbaden GmbH 2018
J.M. Starck, *Peer Review für wissenschaftliche Fachjournale,*
essentials, https://doi.org/10.1007/978-3-658-19837-4_5

statistisch signifikanter Ergebnisse, die eine Null-Hypothese falsifizieren[2], sind für naturwissenschaftliche Journals inakzeptabel, da beides den Grundprinzipien der Wissenschaft widerspricht. Das Fehlen einer expliziten Hypothese in der Einleitung kann eine Frage der Darstellung durch die Autoren sein und muss nicht notwendigerweise bedeuten, dass das Manuskript nicht publiziert werden kann. Anleitung und Hilfestellung durch die Gutachter können hier helfen, die Darstellung der Wissenschaft zu verbessern. – Einige Journale akzeptieren aber auch deskriptive Publikationen, technische Darstellungen oder negative Ergebnisse (s. o.).

Hypothesen, angemessene Tests und korrekt durchgeführte Experimente sind Schlüsselmerkmale wissenschaftlicher Studien. Die Gründe, warum ein bestimmtes Experiment die Hypothese testet, sollten in der Einleitung genannt werden. In korrelativen und vergleichenden Studien muss erklärt werden, warum eine Korrelation bestimmter Variablen eine biologisch sinnvolle Erklärung darstellen kann.

5.2   Wissenschaftliche Vorgehensweise

Reproduzierbarkeit Eines der Grundprinzipien wissenschaftlichen Publizierens ist, dass jede Studie so beschrieben sein soll, dass sie für jeden, der dies möchte und die Möglichkeiten dazu hat, vollständig reproduzierbar ist. Daher sollen alle Materialien und Methoden offengelegt und der wissenschaftlichen Gemeinschaft zugänglich gemacht werden, sodass die Studie reproduziert und überprüft werden kann. – Reproduzierbarkeit ist eine fundamentale Eigenschaft von Wissenschaft und Gutachter sollten diesen Punkt immer kommentieren.

Transparenz und Zugänglichkeit In der letzten Zeit wurde eine intensive Debatte darüber geführt, welche Daten der wissenschaftlichen Gemeinschaft zur Verfügung gestellt werden sollten (e. g., Davies et al. 2017). Von einem strikt wissenschaftlichen Standpunkt aus sind dies alle Informationen, die notwendig sind, um eine Studie zu reproduzieren: das können Katalognummern von Museumssammlungen

---

[2]Gelegentlich wird heute auch die Publikation von nicht-signifikanten („negative") Ergebnissen gefordert. Nicht-signifikante Ergebnisse können bestehen, weil es keine Unterschiede zwischen den getesteten Gruppen gibt, weil die Methoden nicht geeignet sind Unterschiede festzustellen, oder weil die Hypothese falsch war. Daher sind nicht-signifikante Ergebnisse immer mehrdeutig. Nicht-signifikante Ergebnisse sind für den Forscher wichtig, aber sie stellen Erfahrungswerte dar, die die Wissenschaft nicht direkt voranbringen, da sie keine Hypothesen falsifizieren.

sein, Informationen über die Sammlung und den Zugang dazu, Gensequenzen und alle andere Art von Informationen, die gebraucht werden, um eine Studie zu reproduzieren. Es müssen originale Messdaten/Rohdaten sein, oder Originalabbildungen, wenn die in der Studie angewendete Methodik destruktiv war, vergängliche oder zeitlich veränderliche Objekte untersucht wurden. – Ein immer weiter wachsender Konsens in der wissenschaftlichen Gemeinschaft fordert inzwischen, dass alle Daten, die in einer Studie erhoben wurden, zugänglich gemacht werden. Dies schließt auch Daten ein, die leicht (neu) gesammelt werden könnten, wenn eine Studie reproduziert würde, und geht weit über das wissenschaftlich notwendige Maß hinaus. Es handelt sich hier eher um eine sich ändernde Anschauung darüber, was als wissenschaftlich korrektes Verhalten angesehen wird, als um wissenschaftliche Notwendigkeit, und sie ist oft mit starken Meinungen verbunden. Von einem rein wissenschaftlichen Standpunkt bedeutet Reproduzierbarkeit nur, dass man eine Studie reproduzieren kann, nicht, dass man die Daten zur Verfügung gestellt bekommt. „Data sharing" erlaubt einfachen Zugang zu Daten und spart Arbeit, aber es erzeugt keine neue Information und reproduziert keine Studie, es erlaubt nur eine Wiederholung der Analysen oder die Nutzung der Daten für neue Analysen. Wenn Originaldaten einer Studie im Manuskript oder im Supplement online zur Verfügung gestellt werden, müssen diese Daten ebenfalls begutachtet werden. Daten zu teilen bedeutet auch, dass mögliche Fehler geteilt werden. Gutachterempfehlungen jenseits der Sicherstellung der wissenschaftlich nötigen vollständigen Reproduzierbarkeit einer Studie sollten die Richtlinien des Journals berücksichtigen.

Rechtschaffenheit Die Verantwortung für korrektes wissenschaftliches Verhalten liegt beim individuellen Forscher. Für Gutachter ist es praktisch unmöglich, Betrug oder andere Arten von Fehlverhalten im Labor zu erkennen. Auch Selbstplagiate, Plagiate oder die Wiederverwendung bereits publizierten Materials können nur von Spezialisten oder durch Zufall erkannt werden. Jeder begründete Verdacht auf wissenschaftliches Fehlverhalten oder unethische Forschungspraxis sollte dem Herausgeber zur weiteren Ermittlung mitgeteilt werden. – Die meisten großen Journale wenden heute routinemäßig Plagiat-Erkennungssoftware an, sodass technologische Neuerungen diese zeitaufwendige Arbeit übernehmen.

5.3   Rechtliche/Ethische Rahmenbedingungen

Wissenschaft darf nur im Rahmen der nationalen Rechtsprechung des Landes durchgeführt werden, in dem die Forschung stattfindet. Zusätzlich können Journale die Berücksichtigung internationaler Rechtsprechung oder international anerkannter Normen verlangen. – Im „Material und Methoden"-Abschnitt einer Publikation sollen daher Bewilligungen mit Nummer und ausstellender Behörde angegeben sein. Eine korrekte Dokumentation ist dabei eine Frage der Rechtschaffenheit, da die Gutachter die Gültigkeit der Bewilligungsbescheide nicht überprüfen können; Gutachter können nur die Vollständigkeit der Information überprüfen.

Das Urheberrecht schützt die intellektuellen Besitzrechte und garantiert dem Autor exklusive Rechte an seinem Werk für Nutzung und Vertrieb. Das Urheberrecht ist normalerweise auf einen Zeitraum begrenzt (50 bis 100 Jahre nach dem Tod des Autors – in Abhängigkeit von nationalem Recht). Die Verwendung von urheberrechtlich geschütztem Material ohne Erlaubnis des Inhabers der Nutzungsrechte oder ohne explizite Referenz ist Plagiarismus. Letztlich kann aber nur der Spezialist plagiierte Textstellen oder Abbildungen erkennen. Die wissenschaftliche Gemeinschaft ist inzwischen zu groß geworden, und niemand kann mit Sicherheit erwarten oder verlangen, dass ein Gutachter plagiierte Stellen in einem Manuskript ohne technische Hilfsmittel findet. Diese Arbeit wird heute von Computerprogrammen erledigt, die jeden bei einem Journal eingereichten Text mit allen Texten vergleichen, die im Internet gefunden werden können. Die Implementierung der notwendigen Programme in den editorischen Arbeitsablauf liegt in der Verantwortung der Herausgeber bzw. Verlage.

Das rechtliche und ethische Rahmenwerk wird durch die Gesellschaft bestimmt, in der wir leben. Es entwickelt und ändert sich gemeinsam mit dem sozialen, kulturellen und politischen Wandel einer Gesellschaft. Das ethische Rahmenwerk wissenschaftlichen Publizierens fordert Wachsamkeit gegenüber Voreingenommenheit jedweder Ausrichtung. Eine wachsende Anzahl von Journalen etabliert daher Regeln, die Diskriminierung jedweder Art explizit ausschließen.[3]

5.4   Publikationsvorgang

Der Publikationsvorgang stellt eigene Bedingungen an Manuskripte. Viele dieser Bedingungen sind pragmatisch bestimmt und haben nichts mit Wissenschaft zu tun. Einige haben sich als Norm durchgesetzt und werden weitgehend akzeptiert, während andere Journal-spezifisch sind.

---

[3]Für biomedizinische Forschung hat die European Association of Science Editors (EASE) Anti-Diskriminierungsrichtlinien entwickelt (Heidari et al. 2016; De Castro et al. 2016).

Eigenständigkeit und Originalität einer Studie sind Normen des wissenschaftlichen Publizierens; beide sind keine Anforderungen der wissenschaftlichen Vorgehensweise. Im Gegenteil, Wissenschaft fordert, dass Studien reproduzierbar sind und von anderen wiederholt werden. Die Forderung nach Eigenständigkeit und Originalität beruht auf Limitationen in (Druck-)Platz, Zeit und Aufwand für wissenschaftliches Publizieren und auf der Tatsache, dass nur wenige Forscher Inhalte lesen möchten, die bereits bekannt sind. – Die Beurteilung von Eigenständigkeit und Originalität erfordert Expertenwissen. Beide sind jedoch „weiche" Kriterien, da der Grad der Eigenständigkeit und der Originalität schwer zu bestimmen sind und die Beurteilung durch Wissen und Erfahrung der Gutachter und Herausgeber beeinflusst ist. Das Reproduzieren von Studien muss klar von Plagiaten getrennt werden. – Die meisten Journale verlangen eine knappe und präzise Darstellung einer Publikation. Auch dies ist eine pragmatische Forderung, die dem limitierten Druckraum und der Lesbarkeit einer Studie geschuldet ist.

5.5   Präsentation von Wissenschaft in einem Artikel

Wissenschaftliche Kommunikation ist technisch. Sie ist einfach, knapp und präzise, aber niemals pathetisch, kompliziert oder wertend. Ein wissenschaftlicher Artikel folgt einem Standardschema (title, abstract, introduction, material and methods, results, discussion, references, tables and figures, supplementary online material). Die Abfolge der einzelnen Abschnitte wird von einzelnen Journalen variabel gehandhabt, aber sie spiegelt immer die Prinzipien wider, nach denen Wissenschaft präsentiert wird.

Die *Einleitung* stellt den (naturgeschichtlichen/beobachteten) Hintergrund und wichtige vorangegangene Forschung vor, die zur Formulierung der Fragestellung und Hypothesen führten. Es besteht kein Grund in der Einleitung darauf hinzuweisen, wie wichtig die Studie ist, denn dies ist eine Bewertung, die später von der wissenschaftlichen Gemeinschaft getroffen werden wird. Ebenso besteht kein Anlass darauf hinzuweisen, dass dies die erste Studie dieser Art ist, denn für die meisten Journale ist dies eine Voraussetzung (s. o.).

Der *Material and Methods*-Abschnitt dokumentiert das gesamte Material und alle Methoden, die in einer Studie benutzt wurden, und zwar so detailliert, dass jeder, der die Studie reproduzieren möchte, dies auch tun kann. Die Forderung nach Reproduzierbarkeit einer Studie hat wichtige Implikationen für die Publikation, denn es erfordert, dass Originalmaterial zugänglich gemacht wird für alle, die die Studie reproduzieren möchten. Dies können Rohdaten sein oder Originalabbildungen, wenn die Methoden destruktiv waren oder das Studienobjekt ephemerer Natur (e. g., Davies et al. 2017).

Der *Results*-Abschnitt sollte alle Ergebnisse und ausschließlich Ergebnisse der vorliegenden Studie dokumentieren. Die Präsentation der Ergebnisse soll klar, explizit und vollständig in Text, Abbildungen und Tabellen sein. Eine Redundanz von Ergebnissen in Text, Tabellen und Abbildungen soll vermieden werden und die Präsentation so knapp wie möglich sein. In die Ergebnisse gehören auch keine Referenzen zu vorangegangenen Studien oder Verweise auf Daten in der Literatur. Eine solche Trennung vereinfacht zu erkennen, was eigene Ergebnisse sind und was bereits publiziert ist. – Einige Teilbereiche der Biologie (z. B. Taxonomie, Paläontologie) akzeptieren eine gemischte Darstellung, in der eigene Daten mit Daten aus der Literatur vermischt werden. Obgleich dies eine traditionelle Darstellungsweise ist, so ist sie dennoch verwirrend und hilft nicht zu erfassen, was Ergebnis einer Studie ist und was auf der Arbeit anderer beruht. Eine strikte Trennung von neuen Ergebnissen einer Studie und bekannten Daten aus der Literatur ist eine einfache Möglichkeit, jedes Missverständnis, was eigene Arbeit und was Verweise sind, auszuschließen.

Eine bedauerliche Unsitte sind Verweise auf *„unpublished data"* oder *„personal communication"* in den Ergebnissen oder der Diskussion. Obgleich einige Journale Verweise auf unpublizierte Ergebnisse oder persönliche Kommunikation nach schriftlicher Bestätigung durch die Personen, auf die verwiesen wurde, akzeptieren, sind sie in einem wissenschaftlichen Sinne inakzeptabel, da die Daten nicht überprüft und Studien nicht reproduziert werden können. Aufgrund mangelnder Transparenz, fehlender Begutachtung, und fehlenden Zugangs zu dem Originalmaterial sind solche Daten wertlos für eine wissenschaftliche Begründung.

Moderne Publikationstechniken erlauben es, umfangreiches ergänzendes Material online zur Verfügung zu stellen, sodass auch große Datensätze vollständig dokumentiert werden können. Online Supplements sind integrale Bestandteile einer Publikation, auf die später valide verwiesen werden kann. Online-Material sollte daher vom Gutachter auch vollständig auf Korrektheit überprüft werden.

Die *Discussion* sollte alle möglichen Interpretationen der Ergebnisse darstellen und sie im Kontext bereits publizierter Arbeiten diskutieren. Die Diskussion sollte gradlinige Antworten auf die Hypothesen und Fragestellungen geben, die in der Einleitung vorgestellt wurden. Es ist dabei selbstverständlich nicht notwendig die Ergebnisse zu wiederholen. Diskussionen sind oft zu lang, kompliziert und neigen dazu die eigenen Ergebnisse überzubewerten. Obgleich dies vom Standpunkt der Autoren nachvollziehbar ist, so ist es Aufgabe der wissenschaftlichen Gemeinschaft, über die Bedeutung einer Studie zu entscheiden, nicht die der Autoren. Wissenschaft und die Darstellung von Wissenschaft sind einfache Vorgänge: wir stellen Fragen und geben Antworten darauf, die im Kontext der Arbeit unserer Kollegen diskutiert werden. Es ist eine der Hauptaufgaben der Experten-Gutachter, darauf zu achten, ob die Diskussion die Ergebnisse einer Studie tatsächlich korrekt im Kontext früherer Arbeiten diskutiert.

Sprache, Stil und Format Es liegt in der Verantwortung der Autoren, eine Publikation in klarer und knapper Sprache und im vom Journal geforderten Format einzureichen. Sprache ist immer ein mögliches Problem für Fremdsprachler. Dennoch ist es nicht die Aufgabe des Gutachters die Sprache zu editieren. Eine Feststellung über die Qualität der Sprache und der Präsentation mag ausreichen, um die Autoren ggf. zu einer Verbesserung der Sprache anzuhalten. Es gibt heute zudem zahlreiche professionelle Serviceunternehmen, die Sprache zu einem vernünftigen Preis editieren, sodass jene Kollegen, die Unterstützung brauchen, diese auch problemlos finden können.

5.6 Autorenschaft

Autorenschaft ist eine Frage der Ehrenhaftigkeit, und normalerweise ist es für einen Gutachter unmöglich herauszufinden, ob es einen Konflikt zwischen den Autoren gibt. Da es ein wichtiges und potenziell konfliktträchtiges Thema ist, seien hier einige Kriterien für Autorenschaft besprochen, wie sie von Wagner und Kleinert (2011) entwickelt wurden und vom *International Committee of Medical Journal Editors* sowie zahlreichen Journalen angenommen wurden. Autorenschaft sollte auf den nachfolgenden Kriterien beruhen: 1) Substanzieller Beitrag zu Konzeption der Arbeit, experimentellem Design oder Datenerhebung, Analyse und/oder Interpretation der Daten; 2) Entwurf der Publikation oder kritische Revision eines Manuskriptes; 3) abschließende Zustimmung zu der publizierten Version; und 4) Übernahme der inhaltlichen Verantwortung für alle Aspekte der Arbeit und Bestätigung, dass alle Teile der Arbeit im Sinne guter wissenschaftlicher Praxis erarbeitet wurden. Autoren sollten alle 4 Kriterien vollständig erfüllen. Jene, die mitgearbeitet haben, aber nicht alle 4 Kriterien erfüllen, sollten in der Danksagung genannt werden. Einwerbung von Drittmitteln alleine, das ausschließliche Sammeln von Daten, oder die Leitung einer Arbeitsgruppe alleine begründen noch keine Autorenschaft. Jeder Autor sollte auch hinreichend zu der Arbeit beigetragen haben, um in der wissenschaftlichen Öffentlichkeit Verantwortung für zumindest Teile der Arbeit übernehmen zu können.

Heute haben die meisten wissenschaftlichen Fachpublikationen mehrere Autoren. Daher sollten die Beiträge, die von einzelnen Autoren geleistet wurden, in standardisierter Art beschrieben werden. Einheitlichkeit wird durch die „contributor role taxonomy" erreicht (Casrai.org), mit der Autorenbeiträge in einer standardisierten Terminologie benannt werden können und damit auch zwischen verschiedenen Autorengruppen vergleichbar werden.

5.7   Empfehlungen der Gutachter

Die Expertenmeinung der Gutachter hilft dem Herausgeber eines Fachjournals eine Entscheidung über Annahme oder Ablehnung eines Manuskriptes zu treffen. Die Gutachter sollten daher immer zusammen mit einem detaillierten Bericht eine begründete Empfehlung entsprechend den Richtlinien der Journale formulieren. Die Entscheidung wird letztlich vom Herausgeber getroffen, unter Berücksichtigung aller Aspekte (die eigene Bewertung eingeschlossen), die für das Journal wichtig sind. Die Entscheidung mag von der Empfehlung der Gutachter abweichen und muss auch nicht das arithmetische Mittel verschiedener Gutachten darstellen (sense about Science 2012). – Standardisierte Abläufe im *„Peer Review"* haben entsprechende Standard-Empfehlungen. Hinter jeder dieser Empfehlungen steht eine Logik, die allerdings oft wenig bekannt ist.

Accept

Wenn alle Kriterien für eine wissenschaftliche Fachpublikation erfüllt sind, wenn die Darstellung präzise und transparent ist, und wenn alle formalen Kriterien des Journals berücksichtig sind, dann wird die Empfehlung „accept" sein. Es ist äußerst selten, dass bereits die erste Runde der Begutachtung mit der Annahme eines Manuskriptes endet. Auf jeden Fall sollten die Reviewer auch eine positive Empfehlung ausführlich und detailliert begründen. Auch ein exzellentes Manuskript, oder genauer besonders ein exzellentes Manuskript, verdient eine exzellente und detaillierte Begutachtung.

Gutachter sollten immer kritisch sein. Es ist einfacher, mit übermäßiger Kritik umzugehen als mit falschpositiven Beurteilungen. Übermäßige Kritik wird automatisch von den Autoren zurückgewiesen, aber falschpositive Gutachten werden nicht zurückgewiesen. Wenn sie nicht durch den Herausgeber entdeckt werden, können falschpositive Gutachten dazu führen, dass potenziell falsche Ergebnisse publiziert werden. Wenn sie entdeckt werden, wird dies zwar verhindert, aber alle am Begutachtungsprozess Beteiligten sind frustriert: 1) die Autoren sind enttäuscht, weil ihr Manuskript trotz guter Gutachten abgelehnt wird; 2) die Gutachter sind enttäuscht, weil ihr Gutachten nicht gewürdigt/berücksichtigt wird und werden das Schreiben des Gutachtens als verschwendete Zeit verbuchen; und 3) der Herausgeber ist frustriert, weil die Gutachten nutzlos sind, Zeit und Energie verschwendet wurde und letztlich niemand zufrieden ist. Falschpositive Gutachten können den „*Peer Review*"-Vorgang ernsthaft gefährden.

„Minor revision"

Diese Empfehlung wird normalerweise ausgesprochen, wenn nur Format- oder kleinere Sprachkorrekturen notwendig sind. Um die Empfehlung „minor revision" auszusprechen, müssen die Wissenschaft und die wissenschaftliche Vorgehensweise einer Arbeit korrekt sein. „Minor revision" bedeutet keine Korrektur von Inhalten, z. B. Material, Analyse oder Dokumentation. Es mag bedeuten, dass Absätze umgeschrieben (gekürzt, präzisere Darstellung, Literatur ergänzt) werden müssen oder dass das Format von Abbildungen und Grafiken geändert werden muss, aber alles ohne Veränderung von Inhalten. Mit „minor revision" als Entscheidung ist normalerweise keine nochmalige Begutachtung notwendig, und das Manuskript kann angenommen werden, wenn alle Korrekturen durchgeführt wurden. – „Minor revision" ist eine Kategorie, aber keine quantitative Aussage über das Ausmaß der notwendigen Änderungen. „Minor revision" kann sehr viel Arbeit bedeuten, es ist lediglich keine inhaltliche Änderung notwendig.

„Major revision"

Diese Empfehlung wird ausgesprochen, wenn Änderungen am Inhalt notwendig sind oder die Wissenschaft nicht präzise dargestellt ist. Es gibt zahlreiche Gründe, warum „major revision" ausgesprochen wird, z. B. die Gruppengröße ist zu klein oder es wurde nicht genug Material untersucht (Empfehlung mehr Material zu berücksichtigen); die statistischen Analysen mögen unangemessen sein und müssen verbessert werden; weitere Untersuchungen sind nötig, um die Ergebnisse substanziell zu untermauern, oder zusätzliche Abbildungen sind notwendig, um die Ergebnisse und deren Interpretationen zu untermauern. Die Gutachter sollen explizit die Gründe nennen, warum „major revision" empfohlen wurde und wie die Revision durchgeführt werden kann. Da „major revision" normalerweise inhaltliche Veränderung bedeutet, ist eine zweite Begutachtungsrunde nach Revision notwendig. Ein Gutachter sollte daher immer darauf vorbereitet und auch willens sein, ein Manuskript nach Revision noch einmal zu begutachten. Herausgeber wählen normalerweise die gleichen Gutachter, da diese die Manuskripte und die Kritik kennen. Zusätzliche und neue Gutachter präsentieren möglicherweise neue Kritikpunkte und fordern weitere Änderungen, was leicht zu langen Verzögerungen bis zur Publikation eines Manuskriptes führen kann. „Major revision" ist eine

Kategorie und kein quantitatives Maß. Wenn ein Manuskript gut geschrieben und korrekt formatiert wurde, aber die Gruppengröße in den Untersuchungsgruppen zu klein ist, dann ist „major revision" die korrekte Empfehlung, die außer der Erweiterung der Gruppengröße möglicherweise wenig Schreibarbeit und Änderung am Manuskript erfordert.

Reject with the option of resubmission

Einige Journale bieten die Möglichkeit der Wiedereinreichung nach Ablehnung; dies ist ein bisschen wie „very major revision". Diese Empfehlung sollte ausgesprochen werden, wenn das Thema interessant ist, aber die Wissenschaft in dem Manuskript nicht hinreichend. Es wird empfohlen, wenn die begründete Annahme gerechtfertigt ist, dass das Manuskript durch zusätzliche Forschung gerettet werden kann. Die Empfehlung des Gutachters sollte immer explizite Hinweise enthalten, wie solch ein Manuskript revidiert werden soll und selbstverständlich auch warum. – Eine Wiedereinreichung wird normalerweise als neues Manuskript behandelt.

Reject

Die Ablehnung eines Manuskriptes sollte empfohlen werden, wenn die präsentierte Wissenschaft fehlerhaft ist, falsche Methoden benutzt wurden, wenn die Forschung nicht reproduzierbar ist, oder rechtliche und ethische Genehmigungen nicht vorgelegt werden können. Auch wenn das Manuskript vollständig unverständlich ist, sollte Ablehnung empfohlen werden. Ablehnung („Reject") bedeutet, dass das Manuskript auch nach grundlegender Überarbeitung nicht mehr eingereicht werden kann.

Reject before review
Sollte die Fragestellung eines Manuskriptes unangemessen für die Ausrichtung des Journales sein, dann sollte das Manuskript bereits vom Herausgeber vor der eigentlichen Begutachtung zurückgeschickt werden. Dies spart Zeit und Arbeit und hilft den Autoren das richtige Journal zu finden. Sicherlich gibt es einen kontinuierlichen Gradienten, ob ein Manuskript thematisch in ein Journal passt oder nicht, und die Stellungnahme eines Gutachters kann im Zweifelsfall hilfreich

sein. Im Prinzip und in klaren Fällen sollte die Entscheidung, ob ein Manuskript thematisch angemessen ist oder nicht, vom Herausgeber vor der Begutachtung gefällt werden.

5.8   Punkt für Punkt zum vollständigen Review

Aufgrund der Heterogenität der wissenschaftlichen Fachartikel ist es verständlicherweise schwer, eine vollständige und verbindliche Liste mit Empfehlungen für ein Gutachten vorzuschlagen. Empfehlungen hängen letztlich vom Fachgebiet, den speziellen Traditionen und verschiedenen Anforderungen von Journalen ab. Die nachstehende „Check-list" ist als Erinnerungsstütze gedacht, sodass wichtige Aspekte nicht vergessen werden und eine gewisse Standardisierung im Begutachtungsprozess erreicht werden kann. Damit sollten Begutachtungen auch verschiedener Arbeiten gleiche Aspekte berücksichtigen, und damit fair und transparent werden.

Allgemein

- Sind die wichtigsten Informationen über die Forschung gegeben?
- Ist die Forschung neu und eigenständig?
- Ist die Darstellung knapp und präzise?
- Ist das dokumentierte Material (Abbildungen, Grafiken, Tabellen) von angemessener Qualität?
- Sind geschlechtsrelevante Forschungsaspekte und Minderheiten-Aspekte berücksichtigt und lückenlos präsentiert (Heidari et al. 2016)?
- Empfehlung an den Herausgeber?

Title and Abstract

- Ist der Titel knapp und aussagekräftig formuliert?
- Sollte die Studie nur ein Geschlecht berücksichtigen oder sollten die Ergebnisse der Studie nur für ein Geschlecht relevant sein, dann sollte der Titel und das Abstract des Manuskriptes dies zum Ausdruck bringen. Dies gilt in Hinblick auf das Geschlecht von Zellen, Geweben, Organismen oder menschlichen Teilnehmern an einer Studie oder von ihnen gewonnenem Material.

Keywords

- Suchmaschinen durchsuchen automatisch die Titelwörter einer Publikation. Keywords sind zusätzliche Suchbegriffe, die sinnvollerweise nicht
  redundant mit den Titelwörtern sein sollten. Redundante Suchbegriffe
  können einen gegenteiligen Effekt haben und dazu führen, dass Publikationen automatisch ignoriert werden.

Einleitung

- Enthält die Einleitung explizite Hypothesen? [4]
- Sind die Hypothesen relevant und sinnvoll?
- Ist der Forschungshintergrund klar und explizit beschrieben?
- Verweist die Einleitung auf die wichtigen vorausgegangenen Studien im
  Themengebiet? (Exzessive Referenzen zu allen Publikationen zu einem
  Themengebiet sollten vermieden werden.)
- Ist die Einleitung klar und prägnant? Lange abschweifende Erläuterungen
  sind normalerweise nicht notwendig, um eine Fragestellung einzuführen.
- Weisen die Autoren in der Einleitung darauf hin, wenn geschlechtsbezo-
  gene Aussagen zu erwarten sind? Gleiches gilt für Minderheiten-Aspekte.

Material und Methoden

- Jede wissenschaftliche Arbeit muss für alle, die daran interessiert sind
  und die die Fähigkeiten haben, dies zu tun, vollständig reproduzierbar
  sein. Daher muss das gesamte verwendete Material und alle Methoden
  vollständig dargelegt werden und der wissenschaftlichen Gemeinschaft
  Zugang ermöglicht werden, sodass die Studie reproduziert und getestet
  werden kann.
- Sind alle Methoden (inklusive Statistik) angemessen, um die Hypothesen zu testen? [5]

---

[4] „Nothing is known about …" ist keine Hypothese. Neugierde motiviert Forscher, aber sie kann keine wissenschaftliche Hypothese ersetzen, die getestet werden kann.

[5] Einige Reviewer fühlen sich nicht kompetent Statistik zu beurteilen. In solchen Fällen sollte man immer den Herausgeber kontaktieren (dies kann vertraulich geschehen), sodass entsprechende Experten eingeladen werden können.

- Sind alle Methoden im notwendigen Detail beschrieben?
- Sind die Herkunft des Materials, ebenso wie der Lagerort (wo das Material nach der Untersuchung aufbewahrt wird[6]), vollständig angegeben (z. B. Sammlungsnummern; Zugangscode zu digitalen Depositorien[7])?
- Sind die wissenschaftlichen Artnamen und die taxonomischen Autoren richtig angegeben?
- Sind alle notwendigen rechtlichen und ethischen Genehmigungen angeführt?
- Ist die Gruppengröße (für jede angewendete Methode) explizit?
- Ist die Gruppengröße hinreichend, um statistische Tests durchzuführen und Aussagen zu begründen (Statistische Power)?[8]
- Wurden Pseudoreplikationen vermieden?
- Sind geschlechts- und Minderheiten-spezifische Aspekte angemessen berücksichtigt?

Ergebnisse

- Beziehen sich die Ergebnisse und die Diskussion auf die Hypothesen, die in der Einleitung vorgestellt wurden?
- Enthält der Ergebnisse-Abschnitt Ergebnisse von allen Methoden, die in Material und Methoden beschrieben wurden?

---

[6]Das gesamte in einer Studie verwendete Material soll der wissenschaftlichen Gemeinschaft zugänglich gemacht werden; idealerweise, indem es in einem Museum oder einer Institutssammlung deponiert wird. Private Sammlungen sind problematisch, da sie für die Öffentlichkeit nicht zugänglich sind und der Zugang zum Material vom Besitzer (willkürlich) geregelt werden kann. Auch kann Material möglicherweise anonym verkauft und damit der wissenschaftlichen Öffentlichkeit entzogen werden.

[7]Jede Studie muss reproduzierbar sein, d. h., die gesamte Information, die notwendig ist, um die Studie zu wiederholen, muss angegeben werden. Jede Studie muss daher individuell beurteilt werden. Zum Beispiel müssen Bilder aus µCT-Bildgebung nicht unbedingt öffentlich zugänglich gemacht werden, wenn die untersuchte Art leicht unabhängig untersucht werden kann. Wenn es sich aber um seltenes oder schwer zugängliches Material handelt, wenn Daten nicht mehr gewonnen werden können, da destruktive Methoden angewendet wurden, oder wenn ephemere Daten erhoben wurden, dann sollte es öffentlich zugänglich gemacht werden.

[8]Sicherlich kann die Gruppengröße variieren, aber selbst in qualitativen morphologischen Untersuchungen ist eine Gruppengröße von N = 1 kaum akzeptabel, da sie interindividuelle Variation ignoriert. Nur in wenigen Fällen, in denen extrem seltenes Material untersucht wurde, ist sie möglicherweise akzeptabel.

- Sind das gesamte Material und alle Methoden, von denen Ergebnisse
  berichtet werden, im Material und Methodenabschnitt korrekt beschrieben?
- Sind die Ergebnisse vollständig und angemessen in Text, Abbildungen
  und Tabellen dargelegt?
- Ist die Abbildungsqualität angemessen?
- Dokumentieren die Abbildungen die Details, die im Text beschrieben
  werden?
- Sind die Abbildungsbeschriftungen vollständig und sind alle Abkürzungen erklärt?
- Sind die Ergebnisse ohne unnötige Wiederholung dargestellt?[9]
- Ist der Ergebnisteil knapp und präzise geschrieben?
- Können möglicherweise Details, die nur für den Spezialisten relevant
  sind, in einen Online-Anhang verschoben werden?[10]
- Wo angemessen, sollten Daten nach Geschlecht getrennt werden.
  Geschlechtsbezogene Analysen sollten immer berichtet werden, unabhängig vom Ergebnis. In klinischen Studien sollten zurückgezogene
  und ausgeschiedene Probanden immer genannt werden, ebenfalls nach
  Geschlecht sortiert.

Diskussion

- Bezieht sich die Diskussion auf die Hypothesen und bietet sie explizite
  Erklärungen an?
- Werden alle möglichen Erklärungen diskutiert, ohne Bevorzugung einer
  besonderen Antwort durch den Autor?
- Die Diskussion sollte die Ergebnisse in den Kontext früherer Arbeiten
  stellen. Sind alle relevanten, vorangegangenen Publikationen berücksichtigt und mit korrekten Referenzen ausgestattet?
- Die möglichen Einflüsse des Geschlechts auf die Ergebnisse einer Studie sollten diskutiert werden. Wenn keine geschlechtsspezifische Analyse durchgeführt wurde, sollte begründet werden, warum dies nicht

---

[9]Daten sollten nicht in Text und Tabelle wiederholt werden; einmal reicht.

[10]Ein Online-Appendix ist ein integraler Bestandteil einer Publikation und kann zitiert werden. Alles Material, das in einem Online-Appendix publiziert wird, ist durch das Urheberrecht geschützt.

notwendig war. Die Autoren sollten weiterhin die Bedeutung des Fehlens einer solchen geschlechtsspezifischen Analyse auf die Interpretation ihrer Ergebnisse diskutieren (wo angemessen).

Supplementary Material

• Wurde alles ergänzende Online-Material durchgesehen?

5.9   Struktur eines „Peer Reviews"

Es gibt keine formale Struktur für Journal-„*Peer Review*", und Gutachten werden in vielen verschiedenen Formaten und logischen Arrangements an den Herausgeber geschickt. Die typische Struktur eines Journal-„*Peer Reviews*" berücksichtigt jedoch vier Hauptaspekte; diese sind: 1) Zusammenfassendes Statement bezüglich der Eignung für die Publikation; 2) Zusammenfassung der Hauptinhaltspunkte des Artikels, 3) Kritik, und 4) Zusammenfassung und Empfehlung an den Herausgeber (Paltridge 2017). Die meisten Journale differenzieren zwischen Mitteilungen an den Herausgeber und Mitteilungen an die Autoren. Speziell die Empfehlungen der Gutachter, obgleich ein wichtiges Element des Gutachtens, sollten an den Herausgeber kommuniziert werden und nicht an die Autoren. Viele Journale bieten kurze Checklisten an mit spezifischen Fragen an die Gutachter. – Letztlich kommt es auf die Inhalte eines Gutachtens an, aber eine formale Struktur (s. Liste oben) kann helfen, konsistente, faire und transparente Gutachten zu schreiben.

Sprache ist ein kompliziertes Feld, und es gibt viele Wege, auf denen Informationen (z. B. Kritik) kommuniziert werden können. Die Kommunikationsfähigkeiten variieren dabei enorm zwischen den Menschen, oft in Abhängigkeit von kulturellem Hintergrund, Ausbildung, und Sprachkompetenz. Das Schreiben von Gutachten erfordert andere sprachliche Fähigkeiten als das Schreiben von wissenschaftlichen Fachtexten; dabei sind Fremdsprachler generell im Nachteil gegenüber Muttersprachlern. Fachliche Kritik in einer höflichen Sprache zum Ausdruck zu bringen kann eine große Herausforderung sein; gerade für Fremdsprachler, die häufig Kritik direkter und weniger höflich schreiben. Linguistische Techniken, um Kritik im Gutachten klar aber höflich zum Ausdruck zu bringen, sind inhaltliche Empathie, generelle Unterstützung und indirekte Rede. Für alle Gutachter gilt, dass es hilfreich und sinnvoll sein kann über linguistische Techniken nachzudenken, wie Kritik höflich formuliert werden kann (s. Paltridge 2017 für eine interessante und detaillierte Analyse dieses Themas).

5.10   Entscheidung des Herausgebers

Die Entscheidung über Annahme, Revision oder Ablehnung eines Manuskriptes wird vom Herausgeber getroffen, nicht von den Gutachtern. Die Gutachter bereiten Empfehlungen vor, die die Basis für die Entscheidung darstellen. Um den Entscheidungsprozess jedoch möglichst transparent zu gestalten, sollten Journale die Entscheidungskriterien explizit darlegen. Eine entsprechende Liste mit Kriterien hilft nicht nur den Autoren die Entscheidung nachzuvollziehen, sondern auch den Gutachtern informative Gutachten vorzubereiten. Obgleich diese herausgeberischen Kriterien die Prinzipien wissenschaftlicher Arbeit und die Prinzipien wissenschaftlichen Publizierens widerspiegeln sollten, so können sie doch, in Abhängigkeit von der Ausrichtung des Journals, zwischen den Journalen variieren. Die Entscheidung kann dann unter Berücksichtigung auch „weicher" Kriterien, wie der erwarteten wissenschaftlichen Bedeutung, dem vermuteten wissenschaftlichen Fortschritt, dem innovativen Charakter oder dem allgemeinen Interesse an einer Thematik, getroffen werden. Solche „weichen" Kriterien sind schwer zu charakterisieren, da sie auf dem persönlichen Kenntnisstand und der Erfahrung der verantwortlichen Herausgeber beruhen. Viele Journale sind aber (noch) limitiert durch den Druckraum, der ihnen zur Verfügung steht. Für viele, wenn nicht die meisten Journale, sind solche weichen Kriterien wichtig, um über den publizierten Inhalt zu entscheiden.[11]

---

[11]Nur wenige Journale wie z. B. PeerJ oder PlosOne schließen weiche Kriterien aus und akzeptieren alle Manuskripte, die technisch korrekte Studien vorstellen.

Verantwortung der Gutachter

6

Die Einladung einen „*Peer Review*" zu schreiben stellt ein Privileg dar, da der Gutachter alle Ergebnisse vor allen Anderen zu lesen bekommt und weil der Gutachter als Experte in seinem Fachgebiet anerkannt wird. Einen „*Peer Review*" für ein Journal zu schreiben stellt aber auch eine Verantwortung dar, die Verpflichtungen gegenüber Autoren und Herausgeber beinhaltet.

6.1 Verantwortung der Gutachter gegenüber den Autoren

Ein „*Peer Review*" ist eine Expertenmeinung in einem wissenschaftlichen Fachgebiet. Daher ist wissenschaftliche Expertise eine primäre Verantwortung des Gutachters gegenüber den Autoren. Sollte ein Gutachter sich nicht kompetent fühlen, ein Manuskript oder Teile davon zu begutachten, sollte dies unverzüglich dem Herausgeber mitgeteilt werden, sodass dieser die richtigen Experten finden kann. Eine selbstkritische Haltung der eigenen Expertise gegenüber ist Teil der kollegialen Rechtschaffenheit, die in so vielen Momenten des wissenschaftlichen Publizierens notwendig ist.

Die meisten Journale führen einen vertraulichen Begutachtungsprozess durch. Diese Vertraulichkeit des Begutachtungsprozesses zu wahren, d. h. keine Informationen aus dem Manuskript zu teilen, keine Inhalte mit Dritten zu diskutieren, oder, keine Informationen über das Gutachten Anderen zugänglich zu machen, ist eine wichtige Verantwortung des Gutachters. Sollte das Journal einem offenen Begutachtungsablauf folgen und die Gutachten zusammen mit dem Manuskript veröffentlichen, so wird der Herausgeber die Gutachter entsprechend informieren.

In Zeiten, in denen Publikationen unter immer stärkerem Zeitdruck geschrieben und veröffentlicht werden, ist ein zeitgerecht abgegebenes Gutachten eine

© Springer Fachmedien Wiesbaden GmbH 2018
J.M. Starck, *Peer Review für wissenschaftliche Fachjournale,*
essentials, https://doi.org/10.1007/978-3-658-19837-4_6

wichtige Verantwortung des Gutachters gegenüber den Autoren. Gutachten, die schriftlich, unvoreingenommen und zeitgerecht eine Beurteilung der wissenschaftlichen Qualität eines Manuskriptes abgeben, sollten zusammen mit der ausführlichen Begründung für die Beurteilung im vereinbarten Zeitrahmen abgegeben werden. – Sollte sich die Abgabe des Gutachtens aus welchen Gründen auch immer verzögern, sollte der Herausgeber unbedingt informiert werden und ein Zeitpunkt genannt werden, wann das Gutachten fertiggestellt sein wird.

Gutachter sollten detaillierte, faire und informative Gutachten auf den Grundprinzipien von Wissenschaft, wissenschaftlicher Dokumentation und Publikationsarbeit vorbereiten. Gutachten sollten höflich, aber klar und explizit in der Kritik sein, sie sollten persönliche und abfällige Bemerkungen vermeiden und keine unbegründete Kritik enthalten.

6.2 Verantwortung der Gutachter gegenüber dem Herausgeber

Der Gutachter sollte den Herausgeber unverzüglich informieren, wenn das Gutachten nicht in der vereinbarten Zeit fertig wird und den Herausgeber um eine Verlängerung bitten. Es ist wichtig, die Kommunikation mit dem Herausgeber aufrechtzuerhalten.

Ein sorgfältiges, faires, inhaltlich konstruktives und informatives Gutachten über das eingereichte Manuskript und mögliches Supplement-Material ist eine der herausragenden Verpflichtungen des Gutachters gegenüber dem Herausgeber wie dem Autor.

Der Gutachter sollte den Herausgeber über jeden möglichen Interessenkonflikt mit den Autoren, z. B. persönlicher oder finanzieller Art, informieren[1] und eine Begutachtung ablehnen, wenn ein solcher Konflikt existiert.

Ein Gutachter sollte nur Manuskripte akzeptieren, die in ein Fachgebiet fallen, für das er die notwendige Expertise besitzt.

Der Gutachter sollte sich an die Richtlinien des Journals zu Ausrichtung, Inhalt und Qualität von Manuskripten halten, sodass das fachliche Gutachten den Erwartungen entspricht.

---

[1]Das schließt positive Voreingenommenheit ein. Auch positive Voreingenommenheit wird als wissenschaftliches Fehlverhalten gewertet (und es ist geeignet, den Begutachtungsvorgang zu unterlaufen).

Der Gutachter sollte den wissenschaftlichen Wert, die Originalität der Forschung und die fachliche Ausrichtung des Manuskriptes beurteilen und Wege aufzeigen, die es möglicherweise verbessern können. Er sollte eine Empfehlung über Annahme, Revision oder Ablehnung entsprechend der vom Journal verwendeten Skalierung aussprechen.

Bedenken über mögliche Verletzungen rechtlicher und ethischer Normen in Hinblick auf Umgang mit Mensch und Tier, Verletzung von Tierversuchsbestimmungen, oder der Verdacht auf plagiierte Stellen aus publizierten Arbeiten oder Manuskripten, die dem Gutachter bekannt sind, sollten sofort dem Herausgeber gemeldet werden.

Gutachter sollten keinen direkten Kontakt mit den Autoren aufnehmen. Der Begutachtungsprozess wird mit allen Kommunikationen dokumentiert und archiviert, sodass zumindest ein Maximum an Transparenz möglich ist. Direkte Kommunikation zwischen Gutachter und Autoren umgeht den Herausgeber und verhindert damit eine begründete herausgeberische Entscheidung. Direkte Kommunikation zwischen Gutachtern und Autoren verhindert Transparenz im *„Peer Review"*.

6.3 Wann man eine Begutachtung ablehnen sollte

Die Antwort zu dieser Frage ist implizit in den oben gelisteten Punkten der Verantwortung gegeben. Wenn nur eine der oben genannten Verantwortlichkeiten gegenüber dem Herausgeber oder den Autoren nicht gewährleistet werden kann, sollte man eine Anfrage für ein Gutachten ablehnen. Definitiv sollte man ablehnen: 1) wenn man kein Experte für das Thema ist und kein fachlich fundiertes Gutachten abgeben kann; 2) wenn man kein durchdachtes und detailliertes Gutachten in einer angemessenen Zeit abgeben kann; und 3) wenn man in irgendeiner Art voreingenommen ist (positiv wie negativ).

6.4 Wie viel Zeit sollte man in ein Gutachten investieren?

Hier gibt es selbstverständlich keine Standardantwort. Der notwendige Zeitaufwand für ein Review hängt entschieden von der Erfahrung des Gutachters ab, der Komplexität und Länge des Manuskriptes und der Anzahl der notwendigen Kommentare und Korrekturen. Ein junger Postdoc mag mehrere Tage in die Begutachtung eines Manuskriptes investieren, während ein erfahrener Wissenschaftler

das gleiche Manuskript möglicherweise in ein paar Stunden begutachtet. – Auf
jeden Fall sollte man sich genug Zeit für ein sorgfältiges und detailliertes Gutachten nehmen.

6.5   Wie detailliert soll ein Gutachten sein?

Auch hier gibt es keine Standardantwort auf diese Frage. Im Prinzip sollten alle
Aspekte eines Manuskriptes berücksichtigt sein (s. Punkt 5.7) und jeder Gutachter sollte seine Bewertung gut begründen. Letztlich bedeutet dies, dass ein informatives Gutachten durchaus Arbeit macht. Es kommt immer wieder vor, dass
Gutachten nur eine Textzeile umfassen wie: *„This is an inferior manuscript.
Reject"* oder *„Great work. Publish"*, ohne weitere Begründung – solche Gutachten sind wertlos und werden normalerweise von einem Herausgeber nicht
berücksichtigt. Solche „Einzeiler" sind verantwortungslos und verzögern den
Begutachtungsvorgang erheblich, da zusätzliche Gutachten eingeholt werden
müssen. – Ein Gutachten sollte immer eine begründete Expertenmeinung über
die in dem Manuskript vorgestellte Forschung enthalten und eine angemessene
Empfehlung an den Herausgeber kommunizieren. Ein Gutachter braucht keine
Sprachdetails oder Tippfehler zu korrigieren. Eine Sprachkorrektur kann als
kollegiale Freundlichkeit gegenüber den Autoren angeboten werden, aber sie ist
weder notwendig noch erwartet. Es liegt in der Verantwortung der Autoren, ein
klares, präzises und verständliches Manuskript zu schreiben. Im Gegenzug ist es
die Verantwortung der Verleger, Manuskripte vor der Veröffentlichung sorgfältig
zu redigieren.

Ethische Regeln des „Peer Review"

7

Das Schreiben wissenschaftlicher Fachpublikationen, deren Begutachtung sowie die Arbeit der Herausgeber bauen auf Rechtschaffenheit aller Beteiligten auf. Weder die Gutachter noch die Herausgeber können Fehlverhalten im Labor erkennen. Manuskripte können bei der Einreichung automatisch auf plagiierte Textstellen untersucht werden und statistische Monitoring-Programme können auf mögliche Inkonsistenzen und Fehler in den Statistiken hinweisen und so das Herausgeberteam darin unterstützen, Fehlverhalten oder eventuellen Missbrauch aufzudecken. Das vertrauliche und manchmal intransparente Begutachtungssystem macht „Peer Review" dennoch anfällig für Missbrauch durch Autoren, Gutachter und Herausgeber.

7.1 Fehlverhalten von Gutachtern

Die Industrialisierung von Wissenschaft und der kontinuierlich wachsende Leistungsdruck auf die Wissenschaftler (gemessen an der Anzahl der Publikationen und „Impact-Punkte") resultiert in einer zunehmenden Arbeitslast und Konkurrenz zwischen den Forschern. Aufgrund der Arbeitslast fallen Gutachten manchmal zu kurz aus, sind uninformativ und verspätet. Obgleich man dies noch nicht als Missbrauch werten möchte, sind die Grenzen zwischen einem schlechten und uninformativen Gutachten bis zum Missbrauch fließend. Wenn der Gutachter ein möglicher Konkurrent der Autoren ist, entsteht automatisch ein Konflikt, wenn das Gutachten vorsätzlich verspätet abgegeben wird, um die Prioritäten bei Publikationen zu beeinflussen, oder wenn das Gutachten kritischer als nötig ausfällt,

© Springer Fachmedien Wiesbaden GmbH 2018
J.M. Starck, *Peer Review für wissenschaftliche Fachjournale,*
essentials, https://doi.org/10.1007/978-3-658-19837-4_7

um Publikationen von kompetitiven Arbeitsgruppen zu verhindern. Der Bruch vertraulicher Information, das Plagiieren von Ergebnissen, oder der Diebstahl von Ideen aus begutachteten Manuskripten sind Missbrauchsformen durch Gutachter, die graduell im Schweregrad zunehmen. Erkennen die Autoren eine Form von Fehlverhalten der Gutachter, sollten sie ihren begründeten Verdacht dem Herausgeber unmittelbar mitteilen, sodass dieser mögliche Probleme untersuchen und lösen kann (Abschn. 7.2). – Falschpositive Gutachten, d. h., Unterstützen von Freunden und engen Kollegen durch nicht begründete positive Gutachten, fallen ebenfalls unter die Kategorie von Gutachter-Fehlverhalten, auch wenn die Autoren sich kaum beschweren werden. Falschpositive Gutachten sind ein Albtraum für den Herausgeber, da sie eine intensive Untersuchung erfordern und, wenn sie nicht entdeckt werden, geeignet sind, das gesamte System des wissenschaftlichen Publizierens zu korrumpieren.

Herausgeber sollten unabhängig und fair sein und die wissenschaftliche Gemeinschaft unvoreingenommen durch ihre Arbeit unterstützen. Unglücklicherweise sind Fälle bekannt geworden, in denen Herausgeber in Fehlverhalten involviert waren. Unfaire, voreingenommene und intransparente Handhabung von Manuskripten, Bruch der Vertraulichkeit und Datendiebstahl sind in Einzelfällen bekannt geworden. Glücklicherweise sind es nur wenige und besondere Ausnahmen von Fehlverhalten. Sollte der Verdacht von Fehlverhalten durch den Herausgeber aufkommen, so können nur neutrale, externe und unabhängige Stellen eine Untersuchung durchführen und gegebenenfalls eine Lösung finden (Abschn. 7.2).

7.2   Konflikt und Lösungen

Konflikte zwischen Autoren und Gutachtern, oder möglicherweise zwischen Autoren und Herausgebern, erfordern ein behutsames Management, sorgfältige Untersuchung und unabhängige Lösungsvorschläge. Im Allgemeinen wird ein Konflikt zwischen Autoren und Gutachtern vom Herausgeber des Journals gehandhabt, am besten mit einer Beratung durch externe unabhängige Stellen, sodass die Transparenz und Vertraulichkeit der Untersuchung sichergestellt ist.

Unabhängige Institutionen wie z. B. das Committee on Publication Ethics (COPE, s. 11.1) bieten Unterstützung und Lösungswege für alle möglichen Konfliktfälle an. So erarbeitet COPE auch standardisierte Arbeitswege zu verschiedenen häufig vorkommenden Konfliktfällen, damit eine gewisse Einheitlichkeit und Fairness auch bei der Lösung von Konflikten gewährleistet ist. COPE publiziert (anonymisiert) Konfliktfälle und deren Lösungen, sodass alle Seiten (Autoren, Gutachter, Herausgeber) die Möglichkeit haben, aus anderen Fällen zu lernen und Lösungsvorschläge zu verstehen. Es gibt eine Reihe weiterer, unabhängiger Institutionen sowie nationale Einrichtungen, die bei der Einhaltung korrekter Vorgehensweisen im wissenschaftlichem Arbeiten und Publizieren beratend zur Seite stehen und Unterstützung oder Mediation in Konfliktfällen anbieten (s. Liste in Kap. 11). Der wichtige Punkt hier ist, dass niemand alleine dasteht und dass es unabhängige, neutrale Stellen gibt, die bei Konflikten helfen.

Die dunkle Seite des wissenschaftlichen Publizierens 8

Der enorme Leistungsdruck zu publizieren, der auf Forschern lastet, und die konstant wachsende Arbeitslast („*Peer Review*" eingeschlossen) sind eine ernsthafte Gefahr für das „*Peer Review*"-System und drohen es zum Zusammenbruch zu bringen. Die immer rauere und kompetitive Atmosphäre im Forschungsbetrieb führt zunehmend zu Missbrauch des wissenschaftlichen Publikationsvorgangs.

8.1 „Peer Review"-Kaskaden

Die exponentiell wachsende Zahl von Manuskripteinreichungen bei allen Journalen, der zunehmende Druck auf die Wissenschaftler in hochrangigen Journalen zu publizieren und die Überbewertung des Impact-Faktors, führen dazu, dass die Anzahl eingereichter Manuskripte bei hochrangigen Journalen stark zugenommen hat und weiterhin zunimmt. Eine Folge davon ist die hohe Ablehnungsrate – 60 % Ablehnung sind Standard und einige Top-Journale erreichen Ablehnungsraten von 90 %.

Verständlicherweise tendieren Wissenschaftler dazu ihre Manuskripte bei den besten Journalen einzureichen. Unglücklicherweise sind einige Autoren der Auffassung, dass „*Peer Review*" ein stochastischer Prozess sei, und dass ein Manuskript, das bei einem Journal abgelehnt wurde, dann bei einem anderen Journal angenommen wird. Sobald das Manuskript bei einem Journal abgelehnt wurde, senden sie es zu dem Journal mit dem nächstniedrigeren Impact-Faktor, was zu einer Kaskade von „*Peer Reviews*" über mehrere Journale führen kann, bis das Manuskript endlich irgendwann angenommen wird. Während dieser „*Peer Review*"-Kaskade werden Manuskripte nach jeder Einreichung begutachtet, was zu einer geschätzten durchschnittlichen Anzahl von 5–10 Gutachten pro Manuskript führt (Hochberg et al. 2009). Diese „*Peer Review*"-Kaskade verstärkt

© Springer Fachmedien Wiesbaden GmbH 2018
J.M. Starck, *Peer Review für wissenschaftliche Fachjournale*,
essentials, https://doi.org/10.1007/978-3-658-19837-4_8

die Überlastung der Forscher durch Gutachten mit unnötigem Aufwand für die Begutachtung von Manuskripten, die immer wieder abgelehnt werden, und resultiert in potenziell abnehmender Qualität der Gutachten. Es liegt aber in der Verantwortung der Autoren, die Manuskripte bei Journalen einzureichen, die der Qualität der präsentierten Forschung angemessen sind. Empfehlungen und Appelle an Gegenseitigkeit, Altruismus und Rechtschaffenheit, um die *„Peer Review"*-Kaskade zu vermeiden, verhallen in einem zunehmend industrialisierten Wissenschaftsbetrieb (Hochberg et al. 2009). – Als mögliche Lösung haben Verleger den „portable review" eingeführt, d. h. Manuskripte, die einen nachgewiesenen wissenschaftlichen Wert haben, aber bei einem Journal nicht angenommen werden, können gemeinsam mit den Gutachten, die sie erhalten haben, zu anderen Journalen (des gleichen Herausgebers) transferiert werden. Einige der großen Verleger sowie Journale, aber auch individuelle Forscher, haben sich in der *San Francisco Declaration of Research Assessment* (DORA) geeinigt, die Bewertung des Impact Faktors bei der Beurteilung wissenschaftlicher Leistung zu reduzieren und Wissenschaft wieder mehr inhaltsorientiert zu begutachten. Dies mag, langfristig gesehen, zu einer Reduktion der Review-Kaskaden beitragen.

8.2   Gefälschte Gutachten

Zahlreiche Journale bieten den Autoren über ihre Online-Portale für die Manuskripteinreichung die Möglichkeit Gutachter vorzuschlagen, bzw. auszuschließen, wenn sie einen Interessenskonflikt annehmen. Dieses Vorgehen wird durchaus kontrovers beurteilt. Befürworter des Systems führen an, dass ethisch korrekte Vorschläge nur wirkliche Experten im Fachgebiet benennen, die nicht in die Studie involviert waren und nicht mit den Autoren kollaborieren, die an einer anderen Institution arbeiten und in keine Richtung voreingenommen sind. In diesem Fall können diese Gutachter-Vorschläge für alle Beteiligten hilfreich sein, denn der Herausgeber findet schnell Experten, die aufgrund ihres Fachinteresses sorgfältig durchdachte Gutachten zeitgerecht liefern. Kritiker dieses Systems heben hervor, dass Gutachter immer vom Herausgeber ausgewählt und eingeladen werden sollten, da Autorenvorschläge nicht unabhängig sind und Tür und Tor für Missbrauch öffnen. Tatsächlich könnten Autoren Freunde oder enge Kollegen als Gutachter vorschlagen und so eine voreingenommen positive Beurteilung ihrer Arbeit erhalten. In den zurückliegenden Jahren gab es tatsächlich eine Reihe von Fällen, in denen Autoren gefälschte Gutachteradressen angegeben haben, manchmal mit realen Expertennamen, sodass die Review-Anfragen bei ihnen selber eingetroffen sind und sie sich selber positive Begutachtungen schreiben konnten.

Solch ein Missbrauch des „*Peer Review*-Systems" wird nur möglich, wenn strukturelle Schwächen des Systems ausgenutzt werden und die Herausgeber unreflektiert Vorschläge der Autoren übernehmen. Es gibt einfache Mechanismen, um diesen Missbrauch zu verhindern, aber die Verantwortlichkeit hierzu liegt bei den Herausgebern.

8.3 Systemversagen

Journal-„*Peer Review*" ist nicht perfekt und hängt vom ethisch korrekten Verhalten aller Beteiligten in Hinblick auf Wissenschaft und Publikation ab. Der Begutachtungsprozess kann im Prinzip von drei Seiten aus korrumpiert werden: Autoren, die ihre Manuskripte um jeden Preis publiziert haben möchten, Gutachter, die unzureichende Beurteilungen schreiben, und Journale, die auf die Publikationsgebühren (im Wesentlichen „predatory open access journals") aus sind, während ihnen die Inhalte gleichgültig sind. – Als eine Art Experiment im wissenschaftlichen Publizieren schrieb Bohannon (2013)[1] ein vorsätzlich fehlerhaftes Manuskript über ein nicht existierendes Medikament und reichte es bei 304 open access-Journalen zur Publikation ein. Bei 255 Journalen wurde das Manuskript von den Herausgebern bearbeitet (mit oder ohne „*Peer Review*"). Von 157 Journalen wurde es zum Druck angenommen und von 98 abgelehnt. Von 106 Journalen, die tatsächliche eine Begutachtung veranlasst hatten, nahmen 70 % das Manuskript zum Druck an. Ohne jeden Zweifel stellt dieses „Experiment" ein katastrophales Ergebnis für „*Peer Review*" und das wissenschaftliche Publizieren dar. Das Experiment hat das System an seiner empfindlichsten Stelle herausgefordert, dem korrekten wissenschaftlichen Verhalten, und das System hat vollständig versagt. Inzwischen gibt es zahlreiche solcher Experimente, alle mit vergleichbaren Ergebnissen. – Wie mehrfach betont: „*Peer Review*" baut auf Vertrauen und korrektem Verhalten aller Beteiligten auf. Als System kann es nicht funktionieren, wenn nur ein einzelner Beteiligter sich unethisch verhält.

---

[1]Es gibt zahlreiche ähnliche „Experimente", die die Schwachstellen des Begutachtungssystems aufzeigen. Das Bohannon-Experiment wurde hier als Beispiel ausgewählt, da es aus den Naturwissenschaften kommt und wahrscheinlich das umfangreichste und am besten dokumentierte ist.

8.4   Prädatoren

In den letzten Jahren ist eine stetig wachsende Anzahl prädatorischer Fachjour-nale entstanden, die praktisch alles publizieren, solange die Autoren eine Pub-likationsgebühr entrichten. Sie sind Prädatoren in dem Sinne, dass sie nach der Publikationsgebühr jagen, aber praktisch keine Qualitätskontrolle leisten und nur minimale herausgeberische Betreuung bieten. Beall's Liste der prädatori-schen open access-Journale (http://beallslist.weebly.com/) bietet einen umfas-senden Überblick über Journale, die im Verdacht stehen, ethische Standards der Wissenschaft und des wissenschaftlichen Publizierens zu missachten. Kriterien, nach denen solche prädatorischen Journale erkannt werden können, sind explizit aufgeführt, sodass man auch in Zukunft seinen Weg durch den konstant wach-senden Dschungel unseriöser Fachjournale finden kann. – Im positiven Sinne gibt das „directory of open access journals" (https://doaj.org/) eine Liste von „open access" Journalen, bei denen Qualitätskontrolle, „Peer Review" und freier Zugang zur Publikation garantiert sind.

Kritik und Variationen des *Peer Reviews* 9

9.1   Kritik des Peer Reviews

In den 250 Jahren seit der Einführung des „*Peer Review*" hat sich die wissenschaftliche Gemeinschaft kontinuierlich weiterentwickelt, von einer anfangs kleinen Gruppe von Wissenschaftlern, die sich alle kennen, bis hin zu einer global agierenden Industrie, in der sich selbst Kollegen innerhalb eines Departments nicht mehr notwendigerweise kennen. „*Peer Review*" hat sich ebenfalls entwickelt, aber in einer anderen Geschwindigkeit, manchmal planlos, und nicht auf empirische Evidenzen aufbauend. In den letzten Jahren werden daher immer häufiger Bedenken angebracht, dass „*Peer Review*" ineffektiv sei (Jefferson et al. 2008)[1] oder in seiner heutigen Form überholt.

Trotz der häufigen, manchmal heftigen und oft fundamentalen Kritik am „*Peer Review*" ist seine Akzeptanz erstaunlich hoch. Ware und Monkman (2008) zeigten, dass die Mehrheit der Forscher mit dem Begutachtungsprozess zufrieden ist (64 % über alle Fächer). Tatsächlich gaben 90 % der befragten Forscher an, dass sie „*Peer Review*" als hilfreich ansehen, um die Qualität wissenschaftlicher Publikationen zu verbessern. In einer Studie von Mulligan et al. (2013), die auf einem noch größeren Datensatz aufbaute, zeigte sich ein noch größerer Teil der

---

[1]Jefferson et al. (2008) fassten 28 Studien zusammen, die die Bedeutung des Begutachtungssystems analysierten und fanden geringe Belege, dass „Peer Review" die Qualität von biomedizinischen Arbeiten verbessert. Sie geben allerdings in ihrer Arbeit zu, dass es „komplexe methodische Probleme gab" und es gut möglich ist, dass sie daher keinen nachweisbaren Einfluss fanden. Unglücklicherweise wurden nur die „Review-kritischen" Kommentare aus der Publikation zitiert, nicht die selbstkritischen, und haben damit zu einer negativen Bewertung des Begutachtungssystems beigetragen.

© Springer Fachmedien Wiesbaden GmbH 2018
J.M. Starck, *Peer Review für wissenschaftliche Fachjournale,*
essentials, https://doi.org/10.1007/978-3-658-19837-4_9

Befragten mit dem „*Peer Review*" zufrieden (durchschnittlich 69 % über alle Fachgebiete in den Naturwissenschaften; Streuung zwischen 64 % und 77 % im Abhängigkeit vom Fachgebiet); zwischen 78 % und 88 % der befragten Forscher unterstützten die Aussage, dass „*Peer Review*" wissenschaftliche Kommunikation positiv fördert.

Trotz dieser generell positiven Einschätzung ist die Kritik am „*Peer Review*-System" laut und explizit. Die am häufigsten genannten Kritikpunkte sind:

- „*Peer Review*" ist zu langsam und zu teuer.
- „*Peer Review*" ist intransparent.
- „*Peer Review*" wurde nie auf Wirksamkeit getestet.
- „*Peer Review*" ist nicht standardisiert.
- „*Peer Review*" verhindert innovative Ideen, da die Gutachter eher etablierte Wissenschaftler sind, die eine Tendenz haben konservativ zu sein und eher traditionellem Denken anhängen.
- „*Peer Review*" ist unzuverlässig, da die Gutachten häufig widersprüchliche Kritikpunkte äußern.
- „*Peer Review*" ist unfair und voreingenommen gegenüber Frauen, jungen Forschern und Minderheiten.
- „*Peer Review*" bevorzugt etablierte Wissenschaftler (Matthew effect[2]).
- „*Peer Review*" bevorzugt Netzwerke etablierter Arbeitsgruppen.
- „*Peer Review*" erkennt die Arbeit und damit den intellektuellen Beitrag der Gutachter nicht an.
- Es gibt keine Garantie, dass die Manuskripte immer zu den wirklich kompetenten und versierten Kollegen geschickt werden.
- „*Peer Review*" kann nicht funktionieren, weil die wirklich qualifizierten Kollegen gleichzeitig Konkurrenten der Autoren im gleichen Forschungsgebiet und daher voreingenommen sind.
- „*Peer Review*" kann keine Fehler in den Originaldaten finden oder wissenschaftliches Fehlverhalten aufdecken.

---

[2]„For unto every one that hath shall be given, and he shall have abundance: but from him that hath not shall be taken even that which he hath." *Matthew 25:29, King James Version* (Merton 1968, 1988).

- Die Suche nach Experten kann aus verschiedenen Gründen problematisch sein (Voreingenommenheit, Mangel an Experten in neuen und interdisziplinären Forschungsfeldern, oder aufgrund der Geschwindigkeit der Entwicklung).

Alle diese Punkte sind korrekt, aber die zentrale Schwäche des „Peer Review-Systems", die es so anfällig macht, ist, dass es auf die Ehrlichkeit der beteiligten Individuen angewiesen ist. Ehrlichkeit und Aufrichtigkeit als Voraussetzung für das Funktionieren eines Systems stellt eine ernsthafte Schwäche dar, denn eine Minderheit von Individuen, die sich nicht korrekt verhalten, kann das System zum Zusammenbruch bringen, obgleich die überwiegende Mehrheit sich korrekt und ehrlich verhält. – Eine Reihe von Abwandlungen des „Peer Review-Systems" sowie alternative Arten der Qualitätskontrolle und Trainingsverfahren werden daher als Reaktion auf die Kritikpunkte in der wissenschaftlichen Gemeinschaft ausprobiert. Im Prinzip gibt es zwei Verfahren Wissenschaft zu beurteilen: verschiedene Versionen von „Peer Review", oder quantitative metrische Verfahren (oder gemischte Modelle, die beide Verfahren kombinieren; Wilsdon et al. 2015). Jedoch bietet keines dieser Verfahren ein Maß für die Qualität der beurteilten Wissenschaft, ohne auf die Ehrlichkeit, Aufrichtigkeit und das ethisch korrekte Verhalten aller Beteiligten angewiesen zu sein.

9.2 Einfach blinde Begutachtung (Single blind reviewing)

Eine einfach blinde Begutachtung, in der der Gutachter die Autoren kennt, aber selber gegenüber den Autoren anonym bleibt, ist wahrscheinlich die am häufigsten genutzte Form des „Peer Review". Man nimmt an, dass Kommentare zu einem Manuskript frei und ohne hierarchische oder persönliche Einschränkung geäußert werden können, was von Vorteil sein kann. Die Kritik daran jedoch ist, dass Kommentare bewusst oder unbewusst in die eine oder andere Richtung voreingenommen sein können (Geschlechterrolle, Hierarchie, Nationalität, Minderheiten), und dass die Anonymität des Gutachters leicht dazu führt, dass unfaire oder abfällige Kommentare vorgetragen werden. Es gibt wenig empirische Daten, die Vor- und Nachteile dieses Verfahrens unterstützen würden. Eine Befragung durch Mulligan et al. (2013) berichtet immerhin, dass 45 % aller befragten Forscher (n = 4037) den einfach blinden Review für ein effektives Verfahren halten.

9.3 Doppelt blinde Begutachtung (Double blind reviewing)

Im doppelt blinden Begutachtungsverfahren bleiben Autoren und Gutachter einander unbekannt. Zusätzlich zu den freien Kommentaren wird angenommen, dass die Gutachter nicht voreingenommen sein können, da die Autoren den Gutachtern gegenüber anonym bleiben. 76 % der befragten Wissenschaftler (aus verschiedenen MINT-Feldern) sahen das doppelt blinde Begutachtungsverfahren als das effektivste Verfahren an (Mulligan et al. 2013). Die empirische Basis für diese starke und positive Unterstützung ist jedoch überraschend schwach.

Eine häufige Kritik am einfach blinden Begutachtungsverfahren ist, dass es voreingenommen gegenüber Frauen sei, d. h. Männer generell positiver begutachtet würden als Frauen. Das doppelt blinde Begutachtungsverfahren soll diese Voreingenommenheit verhindern, da die Autoren den Gutachtern gegenüber anonym bleiben. Die Analyse solcher Geschlechterrollen bezogener Voreingenommenheit in den Wissenschaften und im Begutachtungsprozess im Speziellen hat wegen seiner sozialen Relevanz große Aufmerksamkeit erhalten. Diskriminierung aufgrund des Geschlechts kann zudem relativ leicht analysiert werden, wenn die Vornamen der Autoren bekannt sind. Es steht außer Frage, dass eine Unausgewogenheit im Geschlechterverhältnis in den Wissenschaften existiert; die Analyse ihrer Grundlage ist allerdings kompliziert, da zahlreiche Faktoren, die sich zudem über die Zeit ändern, dazu beitragen. Als statistisch signifikante Entwicklung konnte z. B. gezeigt werden, dass die Geschlechterlücke in den Naturwissenschaften sich über das vergangene Jahrzehnt verkleinert hat (Filardo et al. 2016; Helmer et al. 2017[3]), obgleich es auch heute noch beachtliche Ungleichheit zwischen Männern und Frauen für professionelle Funktionen wie Autor(in), Gutachter(in) oder Herausgeber(in) gibt. Die Frage ist, ob das einfach blinde Begutachtungsverfahren dazu beiträgt, die Lücke in der Geschlechterverteilung zu erschaffen oder zu erhalten, und ob ein doppelt blindes Begutachtungsverfahren hilft sie zu schließen. – Budden et al. (2008) zeigten, dass das doppelt blinde Begutachtungsverfahren Geschlechterdiskriminierung effektiv reduziert. Unter Nutzung anderer statistischer Verfahren zeigten Engqvist und Frommen (2008) jedoch in einer erneuten Analyse der gleichen Daten, dass ein doppelt blindes

---

[3]Helmer et al. (2017) extrapolieren auf der Basis eines sehr großen Datensatzes und sagen voraus, dass Geschlechterparität erst 2027 für Autorenschaft, 2034 für Begutachtung und 2042 für Herausgeberschaft erreicht wird.

Begutachtungsverfahren keinen erkennbaren positiven Effekt besitzt. Später folgende Analysen, entweder von spezifischen Fachjournalen (e.g., Primack et al. 2009; Buckley et al. 2014; Fox et al. 2016) oder von großen Datensätzen (e.g., Ceci und Williams 2011; Lee et al. 2013; Helmer et al.2017), ergaben keine Geschlechterdiskriminierung im Begutachtungsvorgang oder bei herausgeberischen Entscheidungen. Alle Analysen bestätigen, dass es eine Geschlechterlücke in den Naturwissenschaften gibt, aber sie finden keinen Beleg dafür, dass das Begutachtungsverfahren (single oder double blind) dazu beiträgt.

Fairness gegenüber unbekannten Autoren und verbesserte Qualität der Reviews werden oft als positive Effekte eines doppelt blinden Begutachtungsverfahrens genannt (review in: Snodgrass 2006). Während es schon methodisch schwierig ist Diskriminierung aufgrund des Geschlechtes nachzuweisen, ist es noch problematischer „Fairness" und „Qualität" nachzuweisen. Es ist daher nicht verwunderlich, dass die Ergebnisse hier heterogen sind. Einige Studien fanden eine verbesserte Qualität der Gutachten nach Einführung des doppelt blinden Verfahrens (Okike et al. 2016), während andere keinen Effekt nachweisen konnten (Alam et al. 2011).

Das doppelt blinde Begutachtungsverfahren wird aber auch kritisiert, da die Autorenschaft nicht wirklich anonymisiert werden kann. Für den Spezialisten ist es einfach herauszufinden, wer die Autoren sind. Einige Gutachter merken auch an, dass die Kenntnis der Identität der Autoren in einem positiven Sinne hilfreich sein kann, da sie Manuskripte von jungen und möglicherweise unerfahrenen Autoren mit mehr Unterstützung kommentieren, als wenn das gleiche Manuskript von einem erfahrenen und etablierten Wissenschaftler geschrieben worden wäre (obgleich dies als positive Voreingenommenheit zu werten wäre).

9.4   Offene Begutachtung (Open Peer Review)

Im offenen Begutachtungsverfahren[4] sind Autoren und Gutachter einander bekannt. Dieses Verfahren soll transparent, fair und vertraulich (der Öffentlichkeit gegenüber) sein. Da Autoren und Gutachter einander kennen, verhindert es

---

[4]In der gegenwärtigen Diskussion wird der Begriff „open Peer Review" in zwei verschiedenen Bedeutungen verwendet: *open final-version commenting* (wie hier besprochen) und *open pre-review* (S. Abschn. 9.5 für eine Besprechung von *open pre-review publishing*).

unfaire oder uninformative Begutachtung. Einige Journale heben auch die Vertraulichkeit der Begutachtung auf und veröffentlichen das Gutachten zusammen
mit der Publikation, sodass der intellektuelle Beitrag des Gutachters kenntlich
wird und von der wissenschaftlichen Gemeinschaft wahrgenommen werden kann.
Während offene Begutachtungsverfahren sicherlich transparent sind, so können
sie eine grundsätzliche Voreingenommenheit, den Matthew-Effekt, hierarchisch
beeinflusste Gutachten oder pure Inkompetenz der Gutachter nicht vermeiden.

9.5 Alternative Vorgehensweisen – „Peer Review" nach Publikation

Transparenz, Teilen von Daten, Verbreiten und unmittelbares Feedback bestimmen heute nicht nur die Kommunikation in sozialen Netzwerken, sondern werden
auch zunehmend in der wissenschaftlichen Fachkommunikation erwartet. Das
Prinzip, dass alle Ideen offen diskutiert, debattiert und archiviert werden, ersetzt
den traditionell selektiven Vorgang, der fehlerhafte und schlecht konzipierte Studien eliminiert, bevor sie öffentlich werden. Mit dem Aufkommen von Online-
Journalen, praktisch unbegrenztem Platz für Publikationen, und den verbesserten
Kommunikationsmöglichkeiten über das Internet, lassen sich Publikationspro-
zesse und Arbeitsabläufe etablieren, die diesen Anforderungen gerecht werden.
Einige Prozesse ergänzen oder modifizieren den traditionellen Begutachtungsprozess, andere zielen darauf ab neue Methoden der Qualitätsbeurteilung zu etablieren.

Die Veröffentlichung von Arbeiten auf sogenannten Preprint-Servern ist
eine zunehmend häufige Praxis (in einigen Gebieten wie z. B. der Physik schon
lange etabliert).[5] So kann die wissenschaftliche Gemeinschaft Kommentare zu
einem Manuskript abgeben, bevor die Arbeit zur Publikation eingereicht wird.
Durch eine Begutachtung erst nach der Online-Veröffentlichung können drei
Vorteile entstehen: die Erstautorenschaft wird früh etabliert, die wissenschaftliche Kommunikation wird beschleunigt, und die Diskussion ist mehr öffentlich,
gemeinschaftsorientiert und transparent. Eine Voreingenommenheit durch die
Ausrichtung des Journals oder die Auswahl durch den Herausgeber kann ausgeschlossen werden. Offener *„Peer Review"* wird nach der Online-Publikation eingeladen (oder kommt unaufgefordert aus der wissenschaftlichen Gemeinschaft).

---

[5]Aktive post-publication-Portale sind z. B.: http://f1000research.com, https://www.sci-
enceopen.com/, https://thewinnower.com, http://biorxiv.org/.

Im positiven Sinne wird hier erwartet, dass sich die Gutachten auf die wissenschaftlichen Inhalte und korrekten Methoden der Arbeit konzentrieren und weniger auf Neuigkeit oder Einfluss.

Preprint-Server und „*Peer Review*" schließen sich nicht gegenseitig aus. Vielmehr stellen Preprint-Server eine ergänzende Art und Weise dar, in der unpublizierte Information geteilt und diskutiert werden kann, in etwa vergleichbar zu Konferenzvorträgen oder Posterbeiträgen. Die meisten Preprint-Server laden entweder aktiv Gutachten ein oder erlauben Gutachtern, (freiwillig) Arbeiten auszuwählen; andere laden Herausgeber von Fachzeitschriften ein, sich Manuskripte für die Publikation in ihren Journalen auszusuchen. Ein reines post-publication reviewing system, in dem die Gemeinschaft Manuskripte nach der Publikation kommentiert und bewertet, birgt hingegen die Gefahr, sich zu einem Abstimmungssystem zu entwickeln, in dem Mehrheiten über Arbeiten entscheiden. Mehrheitsentscheidungen können bestehende Paradigmen konsolidieren, aber sie garantieren nicht, dass die Wissenschaft voranschreitet, indem die Falsifikation von bestehenden Hypothesen anerkannt wird und neue Erklärungen akzeptiert werden. Offene Gutachten nach einer Publikation können dennoch von Voreingenommenheit geprägt sein. Darüber hinaus hängen die Anzahl der Kommentare und die Qualität der Beurteilungen möglicherweise vom Netzwerk der Autoren ab. Die Kompetenz der Kommentatoren und die wissenschaftliche Qualität der Kommentare sind nicht garantiert und letztendlich ist unklar, ob die ganze Online-Diskussion überhaupt gelesen wird.

Die Publikation von Manuskripten vor Veröffentlichung in einem Fachjournal kann später zu Urheberrechtskonflikten führen. Eine umfassende und regelmäßig gewartete Liste, wie einzelne Verlage und Fachjournale mit Preprint-Publikationen umgehen, ist online verfügbar (http://www.sherpa.ac.uk/romeo/index.php).

9.6   Die Experten und das kumulative Wissen der Anderen

Wissenschaft baut auf einem deduktiven Erkenntnissystem auf, in dem Hypothesen getestet und widerlegt werden. In einer Vielzahl von Fällen war es ein einzelner Forscher, der das richtige Experiment durchgeführt hat und damit der wissenschaftlichen Gemeinschaft zeigen konnte, dass die bestehenden Hypothesen falsch waren (z. B. Galileo, Kopernikus, Newton, Darwin, Einstein). In der Folge konnten neue Erklärungen etabliert werden, da reproduzierte Experimente und erweiterte Tests die neuen Hypothesen nicht falsifizieren konnten. Da neue Einsichten und Kenntnisse sich in einer Gemeinschaft insgesamt eher langsam durchsetzen, kann es lange dauern bis eine neue, korrekte Erklärung allgemein akzeptiert wird. Wissenschaft ist weder demokratisch, noch ein Abstimmungssystem, in dem die Mehrheit über die Qualität entscheidet. – Die kategorische Natur wissenschaftlicher Erklärungen wird ebenso als Argument für, wie gegen den „*Peer Review*"-Vorgang herangezogen. Tatsächlich gibt es gute Gründe für beide Standpunkte. 1) Als Unterstützung kann angeführt werden, dass innovative, neue und Paradigmen brechende Ideen nur von den Experten in einem Gebiet erkannt werden können und nicht von der wissenschaftlichen Gemeinschaft, die eher dazu tendiert den traditionellen Blickwinkel einzunehmen. Daher, so wird argumentiert, sei das „*Peer Review*ing-System" ein faires und gutes Verfahren, um innovative und neue Ideen zu erkennen und zu würdigen. 2) In entgegengesetzter Sichtweise kann aber auch argumentiert werden, dass genau diese Experten konservativ seien und dazu tendieren traditionelle Sichtweisen zu festigen, indem sie innovative und Paradigmen brechende Erklärungen nicht anerkennen. Ebenso kann vorkommen, dass ein Herausgeber schlichtweg die falschen Gutachter gefragt hat, die letztlich inkompetent sind. Nur das kumulative Wissen der Anderen wäre möglicherweise in der Lage, korrekte und bessere Erklärungen in der Wissenschaft zu erkennen. – Es sollte hier aber wiederholt werden, dass Wissenschaft als solche nicht demokratisch organisiert ist, sondern über das Falsifizieren von Hypothesen voranschreitet. Ein Abstimmungssystem ist daher nicht angemessen, um die Qualität von Wissenschaft zu beurteilen, unabhängig davon, ob es zwei Gutachter sind oder viele.

9.7   Die Bedeutung bibliometrischer Messgrößen für die Beurteilung von Forschung

Die Digitalisierung des Publizierens ermöglicht heutzutage die quantitative Erfassung der Bedeutung einzelner Publikationen wie Impact Faktor oder Zitationshäufigkeit, die Standardmaße dafür sind. In den zurückliegenden Jahren wurden zunehmend „Altmetrics" als Ergänzung zur Messung des Einflusses einer Publikation herangezogen. „Altmetrics" messen Downloads, Links, Bookmarks und Kommunikationen über eine Publikation, d. h. sie berücksichtigen den Social Media-Effekt einer Publikation. In einer umfassenden Umfrage befürworteten 15 % der Forscher, dass Nutzerstatistiken einem formalen „*Peer Review*" effektiv überlegen seien (Mulligan et al. 2013).

Eine detaillierte Untersuchung über die Rolle von quantitativen Messgrößen in der Beurteilung von Forschung (Wilsdon et al. 2015) kommt zu der Schlussfolgerung, dass eine mögliche Korrelation von bibliometrischen Indikatoren und

„*Peer Review*" in den einzelnen Teilgebieten der Naturwissenschaften sehr variabel ist. In einigen Fachgebieten sind zitationsbasierte Messgrößen gute Prädiktoren für die Beurteilung durch ein mögliches Gutachten; in einer Reihe von anderen Fachgebieten gibt es aber keine offensichtliche Beziehung zwischen den zwei Beurteilungswegen. Sie empfehlen daher, in der gegenwärtigen Situation auf eine exklusiv quantitative Beurteilung von Forschungsergebnissen zu verzichten. Das Leiden Manifest empfiehl explizit als korrekte Nutzung und Wertung von bibliometrischen Werten in der Forschungsbeurteilung (Hicks et al. 2015): „*Reading and judging a researcher's work is much more appropriate than relying on one number. […] Research metrics can provide crucial information that would be difficult to gather or understand by means of individual expertise. But this quantitative information must not be allowed to morph from an instrument into the goal.*"

Anerkennung der Leistung von Reviewern

10

„Peer Review" hat sich als kollegialer Vorgang entwickelt, war integraler Bestandteil der Tätigkeit eines Wissenschaftlers, und trug zum gegenseitigen Nutzen aller Beteiligten bei. Es war selbstverständlich, dass ein Wissenschaftler mindestens die doppelte Anzahl seiner eigenen jährlichen Publikationen an Gutachten übernahm. Mit der Industrialisierung der Wissenschaft, der exponentiell wachsenden Anzahl von Manuskript-Einreichungen, und multiplen Manuskript-Einreichungen bei Journal-Kaskaden mit abgestuften Impact Faktoren, sind heute Alle mit Arbeit überlastet. Der gegenseitige Nutzen für alle Beteiligten ist weniger offensichtlich und zahlreiche Kollegen minimieren ihre Gutachtenlast, da diese für die Karriere nicht anerkannt wird. Über die Jahre ist die Balance von Manuskript-Einreichungen und Gutachten ins Ungleichgewicht geraten.

In den vergangenen Jahren ist daher eine Diskussion entbrannt, wie der intellektuelle Beitrag und der Arbeitsaufwand der Gutachter, die letztlich helfen Wissenschaft voranzubringen, anerkannt und gewürdigt werden können. Wenn das Schreiben von Gutachten als wichtiger Beitrag zur Gemeinschaft und wertvoller Punkt in der Karriere eines Wissenschaftlers anerkannt würde, dann wäre die Begutachtung von Manuskripten auch attraktiver. Als einen Weg, um zumindest die Balance zwischen Manuskript-Einreichungen und Anfragen nach Gutachten zu halten, schlagen Fox and Petchey (2010) eine zentrale „PubCred"-Bank vor. Eine Einreichung eines Manuskriptes würde mit drei PubCreds-Punkten berechnet, während ein vollständiges Gutachten einen PubCred einträgt. Autoren würden für ihre Manuskript-Einreichungen mit PubCred-Punkten bezahlen, die sie durch Gutachten verdient haben. Jeder Wissenschaftler hätte ein eigenes individuelles Konto bei der zentralen „PubCred-Bank." Abgesehen von der zentralen Kontrolle und dem Punktezählen erscheint dieses System aber wenig geeignet, um „Peer Review" attraktiv zu machen. – Ein wenig aberrant, aber dem gleichen

© Springer Fachmedien Wiesbaden GmbH 2018
J.M. Starck, *Peer Review für wissenschaftliche Fachjournale*,
essentials, https://doi.org/10.1007/978-3-658-19837-4_10

Prinzip folgend, ist das „zero-sum reviewing", bei dem ein Forscher eine „Reviewer-Schuld" eingeht, wenn er/sie ein eigenes Manuskript einreicht. Diese Schuld kann zurückgezahlt werden, indem man selber als Gutachter die Manuskripte anderer Wissenschaftler beurteilt. Ein Standard-Algorithmus für „zero-sum Reviewer" ist eine einfache $\Sigma k/n$-Gleichung (cf Vines et al. 2010), in der k die Anzahl der erhaltenen Gutachten ist und n die Anzahl der Koautoren eines Manuskriptes (kumulative Summe über alle Arbeiten). Obgleich im Zentrum des „zero-sum reviewing" immer noch die gegenseitige Verpflichtung der Wissenschaftler steht, so minimiert dieses Vorgehen doch, wenn auch auf präzise Art, die individuelle Verantwortung und Arbeitslast auf das quantitative Mindestmaß (Didham et al. 2017).

Andere neue Arten der Anerkennung von Gutachterleistung müssen entwickelt werden, sodass die Arbeit, die ein einzelner Wissenschaftler in die Gemeinschaft investiert, korrekt und vollständig anerkannt wird. Gutachten, die die Qualität von Manuskripten verbessern und damit einen Beitrag zur Wissenschaft leisten, sind viel mehr als nur kollegialer Service, sie sind ein eigenständiger Beitrag zur Gelehrsamkeit und sollten entsprechend gewürdigt werden (Kennison 2016). Anerkennung von Gutachterleistungen steht im gewissen Maß im Gegensatz zur meist praktizierten Anonymität des Begutachtungsprozesses. Daher wird gelegentlich postuliert, dass ausschließlich ein offenes Begutachtungssystem den Gutachtern die angemessene Anerkennung zollen kann.

10.1 Online Portale für Reviewer-Anerkennung

Gutachter-Anerkennung ist ein wichtiges Thema und eine Reihe von Vorschlägen versuchen eine Strategie zu entwickeln, wie Gutachter-Tätigkeit einerseits anerkannt werden kann, aber andererseits die teilweise divergierenden Interessen der Autoren, Gutachter und Herausgeber berücksichtigt werden können. Diese Strategie sollte zudem flexibel genug sein, um einerseits den verschiedenen Anforderungen durch die Journale gerecht zu werden und andererseits Innovationen im Publizieren zu erlauben. Eine erfolgreiche und unabhängige Online-Plattform zur Anerkennung von Gutachterleistung ist *Publons*. Die Plattform erlaubt verschiedene, flexible Formen der Gutachter-Anerkennung, sodass für den individuellen Wissenschaftler die Tätigkeit als Gutachter ein nachvollziehbares, quantitatives Maß seiner Expertise und seines Beitrags zur wissenschaftlichen Gemeinschaft wird. – *Publons* ist eine Gesellschaft mit beschränkter Haftung mit Sitz in

Neuseeland und Großbritannien. Die Nutzung ist für Gutachter, Autoren und Herausgeber kostenlos; die Finanzierung erfolgt durch Kooperation mit den großen Verlagen. Über diese Kooperationen werden Gutachten, die für einzelne Journale durchgeführt wurden, automatisch zum *Publons*-Profil hinzugefügt.

Academic Karma ist eine australische Plattform, die „*Peer Review*" frei zugänglich für Alle und frei von Kosten zur Verfügung stellen möchte. Die Internetseite ist mit mehreren Preprint-Servern verlinkt und spricht Autoren, Gutachter und Herausgeber gleichermaßen an, mit dem Ziel offene Wissenschaft (open review) zu fördern. Gutachter können sich dort Manuskripte von den Preprint-Servern herunterladen und begutachten. Die Gutachter-Aktivität wird aufgezeichnet und individuell gutgeschrieben.

Reviewer Page ist eine verlagseigene Internetseite (Elsevier), die alle Gutachteraktivitäten von abonnierten Wissenschaftlern aufzeichnet. Die Internetseite ist von Elsevier initiiert und möchte alle Beiträge von Gutachtern zu wissenschaftlichen Fachpublikationen anerkennen. Die Seite verzeichnet nur Aktivitäten für verlagseigene Journale.

10.2 Wem gehört das Gutachten?

Das Urheberrecht an einem Artikel wird im Rahmen des Publikationsprozesses normalerweise an den Verleger übertragen oder ein Manuskript wird unter einer Creative Commons-Lizenz publiziert. Das Urheberrecht an einem Gutachten verbleibt normalerweise beim Gutachter. Das ist sehr gradlinig und einfach. Mit der zunehmenden Industrialisierung von Wissenschaft, dem zunehmenden Leistungsdruck auf Wissenschaftler, und dem häufig praktizierten Zählen von Leistungspunkten bei Bewerbungen und Beförderungen, sind Forscher jedoch mehr darauf bedacht, dass die Zeit und Arbeit, die sie in die Manuskripte von anderen investiert haben, der Aufwand und intellektuelle Anregungen, die sie der Fachgemeinschaft geben, geteilt, diskutiert, anerkannt und angemessen gewürdigt werden. Daher möchten einige Gutachter ihre Gutachten im Internet, auf persönlichen Internetseiten oder in Blogs publizieren. – Das Urheberrecht auf der Seite des Gutachters steht dann im Widerspruch zur Praxis eines vertraulichen Begutachtungsverfahrens, wie es von fast allen Journalen angewandt wird. Als ethische Forderung an ein korrektes Verhalten ist jedoch allgemein anerkannt, dass Gutachter die Vertraulichkeit des Begutachtungsverfahrens wahren sollen und keine

Details des Manuskriptes oder der Gutachten mit anderen teilen dürfen (COPE, ethical guidelines). Obgleich in vielen Journal-Richtlinien nur implizit enthalten, wird doch im Allgemeinen und als „Industriestandard" des wissenschaftlichen Publizierens anerkannt, dass alle Kommunikationen über ein Manuskript und das Gutachten vertraulich zu behandeln sind. Dennoch sollten Fachjournale die Vertraulichkeit des Verfahrens in ihren Gutachterrichtlinien explizit darstellen, sodass Missverständnisse ausgeschlossen werden. – Generell gilt als Industriestandard (rechtlich ist dies nicht geklärt), dass die Verpflichtung zur Vertraulichkeit höhere Priorität hat als das Urheberrecht des Gutachters.

Institutionen und Komitees für Konfliktfälle 11

11.1 Committee on Publication Ethics (COPE)

Das *Committee on Publication Ethics* ist ein Forum für Herausgeber und Verleger von *Peer Review*ed *Journals* in dem alle ethischen Aspekte des Publizierens diskutiert werden. Es behandelt und berät in allen Fällen von wissenschaftlichem Fehlverhalten und Publikationskonflikten. COPE bietet über seine Internetseite auch nützliche Quellen für Autoren und Gutachter an (https://publicationethics.org/).

11.2 Council of Science Editors (CSE)

Science Editor ist ein vierteljährlich publiziertes Journal des Council of Science Editors (CSE). Es unterstützt den Austausch von Informationen und Ideen zwischen Herausgebern, Verlegern und anderen Personen, die professionell im Bereich des wissenschaftlichen Publizierens arbeiten. Publizierte Artikel betreffen Studien über *„Peer Review"*, verlegerische Abläufe, ethische Fragen des Publizierens, Analysen von Wissenschafts-Bewertungen uvm. (http://www.councilscienceeditors.org/).

11.3 EQUATOR Network

Das EQUATOR (Enhancing the QUAlity and Transparency Of health Research) Network stellt eine internationale Initiative dar, die anstrebt, die Zuverlässigkeit und den wissenschaftlichen Wert biomedizinischer Publikationen zu verbessern, indem sie Richtlinien für transparente und akkurate Berichterstattung erarbeitet (http://www.equator-network.org/).

© Springer Fachmedien Wiesbaden GmbH 2018
J.M. Starck, *Peer Review für wissenschaftliche Fachjournale*,
essentials, https://doi.org/10.1007/978-3-658-19837-4_11

11.4   European Association of Science Editors (EASE)

Die *European Association of Science Editors (EASE)* ist eine internationale Gruppierung von Individuen mit unterschiedlichem fachlichen Hintergrund, linguistischen Traditionen und professionellen Erfahrungen im Bereich Wissenschaftskommunikation (http://www.ease.org.uk/).

11.5   International Committee of Medical Journal Editors (ICMJE)

Das *International Committee of Medical Journal Editors (ICMJE)* ist eine kleine Arbeitsgruppe von Herausgebern medizinischer Journale, die jährliche Treffen organisieren und Richtlinien zur Durchführung, Berichterstattung, Herausgeberschaft und Publikation wissenschaftlich medizinischer Artikel erarbeiten (http://www.icmje.org/).

11.6   Society for Scholarly Publishing (SSP)

Die *Society for Scholarly Publishing (SSP)* wurde 1978 als gemeinnützige Organisation gegründet, um die Kommunikation zwischen allen Bereichen des wissenschaftlichen Publizierens zu fördern, indem Netzwerke aufgebaut werden, Information zugänglich gemacht wird und neue Entwicklungen ermöglicht werden (https://www.sspnet.org/).

11.7   International Society of Managing and Technical Editors (ISMTE)

Die *International Society of Managing and Technical Editors (ISMTE)* besetzt eine einzigartige Nische im Bereich des wissenschaftlichen Publizierens, indem sie sich direkt an technische Mitarbeiter der Herausgeber wendet. Durch Newsletter, Diskussionsforen, Internet Resources und Konferenzen bietet sie Netzwerk-Strukturen und Weiterbildungsmöglichkeiten (http://www.ismte.org/?).

11.8   World Association of Medical Editors (WAME)

Die *World Association of Medical Editors (WAME)* ist eine internationale Gemeinschaft von Herausgebern, die es sich zur Aufgabe gemacht hat, die Zusammenarbeit und Kommunikation unter Herausgebern medizinischer Journale zu unterstützen, herausgeberische Standards zu entwickeln und zu verbessern. WAME fördert professionelle Standards der herausgeberischen Arbeit durch Weiterbildung, Selbstkritik und Selbstregulation, und unterstützt Forschung zu Prinzipien des wissenschaftlichen Publizierens (http://www.wame.org/).

11.9   World Medical Association: Declaration of Helsinki

Die *World Medical Association (WMA)* hat in der Deklaration von Helsinki Prinzipien und Richtlinien für alle Aspekte medizinischer Forschung veröffentlicht (https://www.wma.net/policies-post/wma-declaration-of-helsinki-ethical-principles-for-medical-research-involving-human-subjects/).

11.10   Office of Research Integrity (ORI)

Das *Office of Research Integrity (ORI)* ist eine US-amerikanische Regierungsbehörde, die dem Gesundheitsministerium untersteht. Sie stellt umfassende technische Ressourcen zur Förderung von korrekter Forschung, aber auch forensische (Online)-Werkzeuge zur Verfügung, die helfen können Bildmanipulation oder andere Fälle von wissenschaftlichem Fehlverhalten zu erkennen.

Was Sie aus diesem *essential* mitnehmen können

- „*Peer Review*" ist die kritische Beurteilung wissenschaftlicher Manuskripte durch unabhängige Experten. Es versucht sicherzustellen, dass Forschung sorgfältig und korrekt durchgeführt wird, dass Hypothesen klar formuliert werden, angemessene Methoden angewendet werden, die Ergebnisse korrekt dargestellt und alle Interpretationsmöglichkeiten der Ergebnisse berücksichtig wurden.
- *Peer Review* wurde in den Publikationsprozess implementiert, um exzellente Forschung zu erkennen und gleichzeitig, um fehlerhafte Manuskripte herauszufiltern.
- *Peer Review* funktioniert auf der Basis von Kompetenz, Zuverlässigkeit und dem guten Willen aller Beteiligten. Korrektes wissenschaftliches Verhalten aller Beteiligten ist eine Grundvoraussetzung für Peer Review, nur dann kann das Verfahren helfen wissenschaftlichen Wert zu erkennen – Peer Review ist zum Scheitern verurteilt, wenn die Autoren unehrlich oder die Gutachter inkompetent sind (oder umgekehrt, oder beides).
- Wissenschaftliche Expertise der Gutachter ist eine grundlegende Verantwortung gegenüber den Autoren.
- *Peer Review* gründet sich auf Expertenwissen über das spezielle Fachgebiet, die angewandte Methodik und die Fachliteratur, aber es ist auch unvermeidlich subjektiv, da es ein kollegiales und damit soziales Verfahren ist.
- Es gibt heute verschiedene Versionen des *Peer Review*-Verfahrens. Alle werden kritisiert, aber die überwiegende Mehrheit der Wissenschaftler erkennt an, dass *Peer Review* hilft, die Qualität von Fachpublikationen zu verbessern.
- Die Abhängigkeit von Ehrlichkeit und Kompetenz sind Schwäche und Stärke des Systems. Um Peer Review zu ersetzen, müsste man ein System finden, dass Wissenschaft bewerten kann, ohne auf die Ehrlichkeit der Beteiligten angewiesen zu sein.

© Springer Fachmedien Wiesbaden GmbH 2018
J.M. Starck, *Peer Review für wissenschaftliche Fachjournale,*
essentials, https://doi.org/10.1007/978-3-658-19837-4

Literatur

Alam M, Kim NA, Havey J, Rademaker A, Ratner D, Tregre B, West DP, Coleman WP (2011) Blinded vs unblinded *Peer Review* of manuscripts submitted to a dermatology journal. Br J Dermatol 165(3):563–567

Baker M (2016) Is there a reproducibility crisis? Nature 533:452–545

Benos DJ, Bashari E, Chaves JM, Gaggar A, Kapoor N, LaFrance M, Mans R, Mayhew D, McGowan S, Polter A, Qadri Y, Sarfare S, Schultz K, Splittgerber R, Stephenson J, Tower C, Walton RG, Zotov A (2007) The ups and downs of *Peer Review*. Adv Physiol Educ 31(2):145–152

Bock W (2007) Explanations in evolutionary theory. J Zool Syst Evol Res 45:89–103

Bock W (2017) The dual causality and the autonomy of biology. Acta Biotheor 65:63–79

Budden AE, Tregenza T, Aarssen LW, Koricheva J, Leimu R, Lortie CJ (2008) Double-blind review favours increased representation of female authors. Trends Ecol Evol 23(1):4–6

Csiszar A (2016) Troubled from the start. Nature 532:306–308

De Castro P, Heidari S, Babor TF (2016) Sex and gender equity in research (SAGER): Reporting guidelines as a framework of innovation for an equitable approach to gender medicine. Ann Super Sanità 52:154–157

Deakin L, Docking M, Graf C, Jones J, McKerahan T, Ottmar M, Stevens A, Wates E, Wyatt D, Joshua S (2014) Best practice guidelines on publishing ethics. © 2014 Wiley, CC BY-NC 4.0

Engqvist L, Frommen JG (2008) Double-blind *Peer Review* and gender publication bias. Animal Behaviour, 76(3):e1–e2. 10.1016/j.anbehav.2008.05.023

European Commission (2008) EUR 23311 – Mapping the maze: getting more women to the top in research Luxembourg: Office for Official Publications of the European Communities. ISBN 978-92-79-07618-3

Filardo G, da Graca B, Sass DM, Pollock BD, Smith EB, Martinez MAM (2016) Trends and comparison of female first authorship in high impact medical journals: observational study (1994–2014). BMJ 352:i847. doi:doi.org/10.1136/bmj.i847

Fox J, Petchey OL (2010) Pubcreds: Fixing the *Peer Review* process by „privatizing" the reviewer commons. Bull Ecol Soc Am 91:325–333

Fox CW, Burns CS, Meyer JA (2016) Editor and reviewer gender influence the *Peer Review* process but not *Peer Review* outcomes at an ecology journal. Funct Ecol 30:140–153

© Springer Fachmedien Wiesbaden GmbH 2018   63
J.M. Starck, *Peer Review für wissenschaftliche Fachjournale*,
essentials, https://doi.org/10.1007/978-3-658-19837-4

Garland T Jr, Adolph SC (1994) Why not to do two-species comparative studies: Limitations on inferring adaptation. Physiol Zool 67:797–828

Heidari S, Babor TF, De Castro P, Tort S, Curno M (2016) Sex and gender equity in research: Rationale for the SAGER guidelines and recommended use. Res Integrity Peer Rev 1:2. doi:10.1186/s41073-016-0007-6

Hicks D, Wouters P, Waltman L, de Rijcke S, Rafols I (2015) Bibliometrics: The Leiden Manifesto for research metrics. Nature 520:429–431

Hochberg ME, Chase JM, Gotelli NJ, Hastings A, Naeem S (2009) The tragedy of the reviewer commons. Ecol Lett 12:2–4

Ioannidis JPA (2005) Why most published research findings are false. PLoS Med 2(8):e124

Merton RK (1968) The Matthew effect in science. Science 159:56–62

Merton RK (1988) The Matthew effect in science, II: Cumulative advantage and the symbolism of intellectual property. ISIS. 79:606–623

Mulligan A, Hall L, Raphael E (2013) Peer Review in a changing world: an international study measuring the attitudes of researchers. J Am Soc Inform Sci Technol 64:132–161

Paltridge B (2017) The discourse of Peer Review. Reviewing submissions to academic journals. Palgrave Macmillan, London

Pan L, Kalinaki E (2015) Mapping Gender in the German Research Area. Elsevier, Analytical Services

Popper K (1935) Logik der Forschung. Zur Erkenntnistheorie der Modernen Naturwissenschaft. Schriften zur Wissenschaftlichen Weltauffassung (P. Frank und M. Schlick, eds.). Bd. 9, Springer, Wien, S 1–248

Rennie D (2003) Editorial Peer Review: Its development and rationale. Peer Rev health sci 2:1–13

Rennie D (2012) Sense About Science 2012. CC-BY NC-ND 2.0. www.senseaboutscience.org

Steinhauser G, Adlassnig W, Risch JA, Anderlini S, Arguriou P, Armendariz AZ, … Zwiren N. (2012). Peer Review versus editorial review and their role in innovative science. Theor med bioeth, 33(5):359–376

Wager E, Kleinert S (2011) Responsible research publication: International standards for authors. A position statement developed at the 2nd World conference on research integrity, Singapore, July 22–24, 2010. Chapter 50. In: Mayer T, Steneck N (Hrsg) Promoting research integrity in a global environment. Imperial College Press, Singapore, S 309–16

Walsh K (Hrsg) (2016) Open innovation, open science, open to the World. A vision of Europe. Europen Commission, Brussels. 10.2777/061652

Ware M, Monkman M (2008) Peer Review in scholarly journals: Perspective on the scholarly community an international study. Publishing Research Consortium. http://publishingresearchconsortium.com/index.php/prc-documents/prc-research-projects/36-peer-review-full-prc-report-final/file

West JD, Jacquet J, King MM, Correll SJ, Bergstrom CT (2013) The role of gender in scholarly authorship. PloS one 8(7):e66212

Wilsdon J, Allen L, Belfiore E, Campbell P, Curry S, Hill S, Jones R, Kain R, Kerridge S, Thelwall M, Tinkler J, Viney I, Wouters P, Hill J, Johnson B, (2015) The metric tide: Report of the independent review of the role of metrics in research assessment and management. 10.13140/RG.2.1.4929.1363

Printed in the United States
By Bookmasters